Dreamweaver CS6
标准培训教程

数字艺术教育研究室　编著

人民邮电出版社

北　京

图书在版编目（CIP）数据

Dreamweaver CS6标准培训教程 / 数字艺术教育研究室编著. -- 北京：人民邮电出版社，2019.2
ISBN 978-7-115-49246-3

Ⅰ. ①D… Ⅱ. ①数… Ⅲ. ①网页制作工具－技术培训－教材 Ⅳ. ①TP393.092.2

中国版本图书馆CIP数据核字(2018)第240686号

内 容 提 要

本书全面系统地介绍 Dreamweaver CS6 的基本操作方法和网页设计制作技巧，包括初识 Dreamweaver CS6、文本与文档、图像和多媒体、超链接、使用表格、ASP、使用层、CSS 样式、模板和库、使用表单、行为、网页代码、商业案例实训等内容。

全书内容以课堂案例为主线，通过对各案例实际操作的讲解，使读者可以快速上手，熟悉软件功能和艺术设计思路。书中的软件功能解析部分，可以使读者深入学习软件功能；课堂练习和课后习题，可以拓展读者的实际应用能力，提高读者的软件使用技巧；商业案例实训，可以帮助读者快速掌握商业网页的设计理念和设计元素，顺利达到实战水平。

本书附带学习资源，内容包括书中所有案例的素材及效果文件，读者可通过在线方式获取这些资源，具体方法请参看本书前言。

本书适合作为院校和培训机构艺术专业课程的教材，也可作为 Dreamweaver CS6 自学人士的参考用书。

♦ 编　　著　数字艺术教育研究室
　　责任编辑　张丹丹
　　责任印制　陈　犇
♦ 人民邮电出版社出版发行　　北京市丰台区成寿寺路 11 号
　　邮编　100164　电子邮件　315@ptpress.com.cn
　　网址　http://www.ptpress.com.cn
　　河北画中画印刷科技有限公司印刷
♦ 开本：700×1000　1/16
　　印张：15.75
　　字数：369 千字　　　　　　　　　　2019 年 2 月第 1 版
　　印数：1-2 800 册　　　　　　　　　2019 年 2 月河北第 1 次印刷

定价：59.80 元

读者服务热线：(010)81055410　印装质量热线：(010)81055316
反盗版热线：(010)81055315
广告经营许可证：京东工商广登字 20170147 号

前　言

　　Dreamweaver CS6是由Adobe公司开发的网页设计与制作软件，它功能强大、易学易用，深受网页制作爱好者和网页设计师的喜爱，已经成为这一领域非常流行的软件。目前，我国很多院校和培训机构的艺术专业，都将Dreamweaver作为一门重要的专业课程。为了帮助院校和培训机构的教师比较全面、系统地讲授这门课程，使读者能够熟练地使用Dreamweaver CS6进行网页设计，数字艺术教育研究室组织院校中从事Dreamweaver教学的教师和专业网页设计公司经验丰富的设计师共同编写了本书。

　　我们对本书的编写体例做了精心的设计，按照"课堂案例—软件功能解析—课堂练习—课后习题"这一思路进行编排，力求通过课堂案例演练，使读者快速熟悉软件功能和网页设计思路；通过软件功能解析，使读者深入学习软件功能和使用技巧；通过课堂练习和课后习题，拓展读者的实际应用能力。在内容编写方面，我们力求通俗易懂、细致全面；在文字叙述方面，我们注意言简意赅、突出重点；在案例选取方面，我们强调案例的针对性和实用性。

　　本书附带学习资源，内容包括书中所有案例的素材及效果文件。读者在学完本书内容以后，可以调用这些资源进行深入练习。这些学习资源文件均可在线下载，扫描"资源下载"二维码，关注我们的微信公众号，即可获得资源文件下载方式。另外，购买本书作为授课教材的教师也可以通过该方式获得教师专享资源，其中包括教学大纲、备课教案、教学PPT，以及课堂案例、课堂练习和课后习题的教学视频等相关教学资源包。如需资源下载技术支持，请致函szys@ptpress.com.cn。同时，读者可以扫描"在线视频"二维码观看本书所有案例视频。本书的参考学时为64学时，其中实训环节为26学时，各章的参考学时请参见下面的学时分配表。

资源下载

在线视频

章　序	课程内容	学 时 分 配	
		讲　授	实　训
第1章	初识Dreamweaver CS6	2	1
第2章	文本与文档	2	1
第3章	图像和多媒体	2	2
第4章	超链接	3	1
第5章	使用表格	2	2
第6章	ASP	3	1

章 序	课程内容	学 时 分 配	
		讲 授	实 训
第7章	使用层	2	2
第8章	CSS样式	6	3
第9章	模板和库	2	1
第10章	使用表单	4	2
第11章	行为	2	2
第12章	网页代码	2	2
第13章	商业案例实训	6	6
学 时 总 计		38	26

由于时间仓促，编者水平有限，书中难免存在疏漏和不妥之处，敬请广大读者批评指正。

编 者

2018年9月

目　录

第 1 章

初识Dreamweaver CS6

本章介绍

网页是网站基本的组成部分，网站之间并不是杂乱无章的，它们通过各种链接相互关联，从而描述相关的主题或实现相同的目的。本章讲述网站的建设基础，包括Dreamweaver CS6的工作界面、创建网站框架及网页文件头设置，最后重点讲述管理站点的方式。

学习目标

◆ 熟悉Dreamweaver CS6的工作界面。

◆ 了解站点管理器、创建文件夹、定义新站点、创建和保存网页。

◆ 掌握站点的打开、编辑、复制、删除、导出和导入方法。

◆ 了解关键字、作者和版权信息、刷新时间、描述信息等其他文件头的设置方法。

技能目标

◆ 熟练掌握站点管理器的使用方法。

◆ 熟练掌握站点的应用和编辑。

◆ 熟练掌握文件头的设置方法。

　　Dreamweaver CS6的工作区将多个文档集中到一个窗口中，这不仅降低了系统资源的占用，而且更方便操作文档。Dreamweaver CS6的工作窗口由5部分组成，分别是"插入"面板、"文档"工具栏、"文档"窗口、面板组和"属性"面板。Dreamweaver CS6的操作界面简洁明快，可大大提高设计效率。

1.1.1　友善的开始页面

　　启动Dreamweaver CS6后，首先看到的画面是开始页面，如图1-1所示，在该页面中，用户可以选择新建文件的类型，或打开已有的文档等。

图1-1

　　老用户可能不太习惯开始页面，可选择"编辑 > 首选参数"命令，或按Ctrl+U组合键，弹出"首选参数"对话框，取消选择"显示欢迎屏幕"复选框，如图1-2所示，单击"确定"按钮完成设置。当用户再次启动Dreamweaver CS6后，将不再显示开始页面。

图1-2

1.1.2　不同风格的界面

　　Dreamweaver CS6的操作界面新颖淡雅，布局紧凑，为用户提供了一个轻松、愉悦的开发环境。

　　若用户想修改操作界面的风格，切换到自己熟悉的开发环境，可选择"窗口 > 工作区布局"命令，弹出其子菜单，如图1-3所示，在子菜单中选择其中的一种界面风格，页面会相应地发生改变。

图1-3

1.1.3　伸缩自如的浮动面板

　　在浮动面板的右上方单击按钮 ⏩ ，可以隐藏或展开浮动面板，如图1-4所示。

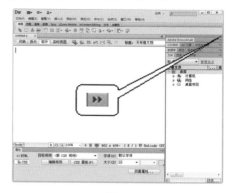

图1-4

　　如果用户觉得工作区不够大，可以将鼠标指针放在文档编辑窗口右侧与浮动面板交界的框线处，当鼠标指针呈双向箭头时拖曳鼠标，调整工作区的大小，如图1-5所示。若用户需要更大的工作区，可以将浮动面板隐藏。

图1-5

1.1.4 多文档的编辑界面

Dreamweaver CS6提供了多文档的编辑界面，将多个文档整合在一起，方便用户在各个文档之间切换，如图1-6所示。用户可以单击文档编辑窗口上方的选项卡，切换到相应的文档。通过多文档的编辑界面，用户可以同时编辑多个文档。

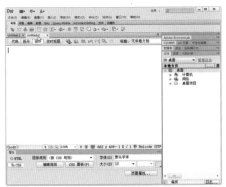

图1-6

1.1.5 新颖的"插入"面板

Dreamweaver CS6的"插入"面板可放在菜单栏的下方，如图1-7所示。

图1-7

"插入"面板包括"常用""布局""表单""数据""Spry""jQuery Mobile""InContext Editing""文本""收藏夹"9个选项卡。在Dreamweaver CS6中，"插入"面板可用菜单和选项卡两种方式显示。如果需要菜单样式，用户可在"插入"面板选项卡中单击鼠标右键，在弹出的菜单中选择"显示为菜单"命令，如图1-8所示，更改后的效果如图1-9所示。用户如果需要选项卡样式，可单击"常用"按钮上的黑色三角形，在下拉菜单中选择"显示为制表符"命令，如图1-10所示，更改后的效果如图1-11所示。

图1-8

图1-9

图1-10

图1-11

"插入"面板将一些相关的按钮组合成菜单，当按钮右侧有黑色三角形时，表示其为展开式按钮，如图1-12所示。

图1-12

1.1.6　更完整的CSS功能

传统的HTML所提供的样式及排版功能非常有限，因此，现在复杂的网页版面主要靠CSS样式来实现。而CSS样式表功能较多，语法比较复杂，需要一个很好的工具软件有条不紊地整理复杂的CSS源代码，并适时地提供辅助说明。Dreamweaver CS6就提供了这样方便有效的CSS功能。

"属性"面板提供了CSS功能。用户可以通过"属性"面板中的"目标规则"选项的下拉列表对所选的对象应用样式或创建和编辑样式，如图1-13所示。若某些文字应用了自定义样式，当用户调整这些文字的属性时，会自动生成新的CSS样式。

图1-13

"页面属性"按钮也提供了CSS功能。单击"页面属性"按钮，弹出"页面属性"对话框，如图1-14所示。用户可以在左侧的"分类"列表中选择"链接"选项，在右侧的"下划线样式"选项下拉列表中设置超链接的样式，这个设置会自动转化成CSS样式，如图1-15所示。

Dreamweaver CS6除了提供如图1-16所示的"CSS样式"面板外，还提供如图1-17所示的"CSS属性"面板。"CSS属性"面板可使用户轻

松查看规则的属性设置，并可快速修改嵌入在当前文档或通过附加的样式表链接的CSS样式。可编辑的网格用户可以更改显示的属性值。对选择所做的更改都将立即应用，这使用户可以在操作的同时预览效果。

图1-14

图1-15

图1-16　　　　　　　图1-17

1.2　创建网站框架

所谓站点，可以看作一系列文档的组合，这些文档通过各种链接建立逻辑关联。用户在建立网站前必须要建立站点，修改某网页内容时，也必须打开站点，然后修改站点内的网页。在Dreamweaver CS6中，"站点"一词是下列任意一项的简称。

Web 站点：从访问者的角度来看，Web 站点是一组位于服务器上的网页，使用 Web 浏览器访问该站点的访问者可以对其进行浏览。

远程站点：从创作者的角度来看，远程站点是远程站点服务器上组成 Web 站点的文件。

本地站点：与远程站点上的文件对应的本地磁盘上的文件。通常，先在本地磁盘上编辑文件，然后将它们上传到远程站点的服务器上。

Dreamweaver CS6站点定义：本地站点的一组定义特性，以及有关本地站点和远程站点对应方式的信息。

在做任何工作之前都应该制订工作计划并画出工作流程图，建立网站也是如此。在动手建立站点之前，需要先调查研究，记录客户所需的服务，然后以此规划出网站的功能结构图（即设计草图）及其设计风格，以体现站点的主题。另外，还要规划站点导航系统，避免浏览者在网页上迷失方向，找不到要浏览的内容。

1.2.1 站点管理器

站点管理器的主要功能包括新建站点、编辑站点、复制站点、删除站点及导入和导出站点。若要管理站点，必须打开"管理站点"对话框。

打开"管理站点"对话框的方法有以下两种。

① 选择"站点 > 管理站点"命令。

② 选择"窗口 > 文件"命令，打开"文件"面板，如图1-18所示。在"管理站点"选项的下拉列表中选择"管理站点"选项，如图1-19所示。

图1-18

图1-19

在"管理站点"对话框中，通过"新建站点"按钮 新建站点 、"编辑当前选定的站点"按钮 、"复制当前选定的站点"按钮 和"删除当前选定的站点"按钮 ，可以新建一个站点、修改选择的站点、复制选择的站点和删除选择的站点。通过对话框中的"导出当前选定的站点"按钮 和"导入站点"按钮 导入站点 ，用户可以将站点导出为XML文件，然后将其导入Dreamweaver CS6。这样，用户就可以在不同的计算机和产品版本之间移动站点，或者与其他用户共享站点，如图1-20所示。

图1-20

在"管理站点"对话框中，选择一个具体的站点，然后单击"完成"按钮，就会在"文件"面板的"文件"选项卡中出现站点管理器的缩略图。

1.2.2 创建文件夹

建立站点前，要先在站点管理器中规划站点文件夹。

新建文件夹的具体操作步骤如下。

（1）在站点管理器的右侧窗口中单击选择站点。

（2）通过以下两种方法新建文件夹。

① 选择"文件 > 新建文件夹"命令。

② 用鼠标右键单击站点，在弹出的菜单中选择"新建文件夹"命令。

（3）输入新文件夹的名称。

一般情况下，若站点不复杂，可直接将网页存放在站点的根目录下，并在站点根目录中，按照资源的种类建立不同的文件夹存放不同的资源。例如，image文件夹存放站点中的图像文件，media文件夹存放站点的多媒体文件等。若站点复杂，则需要根据实现不同功能的板块，在站点根目录中按板块创建子文件夹存放不同的网页，这样可以方便网站设计者修改网站。

1.2.3 定义新站点

建立好站点文件夹后，用户就可以定义新站点了。在Dreamweaver CS6中，站点通常包含两部分，即本地站点和远程站点。本地站点是本地计算机上的一组文件，远程站点是远程 Web 服务器上的一个位置。用户将本地站点中的文件发布到网络上的远程站点，使公众可以访问它们。在 Dreamweaver CS6中创建 Web 站点，通常先在本地磁盘上创建本地站点，然后创建远程站点，再将这些网页的副本上传到一个远程 Web 服务器上，使公众可以访问它们。本节只介绍如何创建本地站点。

1. 创建本地站点的步骤

（1）选择"站点 > 管理站点"命令，弹出"管理站点"对话框。

（2）在对话框中单击"新建站点"按钮，弹出"站点设置对象 未命名站点2"对话框，在对话框中，设计者通过"站点"选项卡设置站点名称，如图1-21所示。单击"高级设置"选项，在弹出的选项卡中根据需要设置站点，如图1-22所示。

图1-21

图1-22

2. 各选项的作用

"默认图像文件夹"选项：在文本框中输入此站点默认图像文件夹的路径，或者单击"浏览

文件夹"按钮📁，在弹出的"选择图像文件夹"对话框中，查找到该文件夹。例如，将非站点图像添加到网页中时，图像会自动添加到当前站点的默认图像文件夹中。

"链接相对于"选项组：选择"文档"选项，表示使用文档相对路径来链接；选择"站点根目录"选项，表示使用站点根目录相对路径来链接。

"Web URL"选项：在文本框中，输入已完成的站点将使用的URL。

"区分大小写的链接检查"选项：选择此复选框，则对使用区分大小写的链接进行检查。

"启用缓存"选项：指定是否创建本地缓存以提高链接和站点管理任务的速度。若选择此复选框，则创建本地缓存。

1.2.4 创建和保存网页

创建站点后，用户需要创建网页来组织要展示的内容。合理的网页名称非常重要，一般网页文件的名称应容易理解，能反映网页的内容。

在网站中有一个特殊的网页是首页，每个网站必须有一个首页。每当访问者在IE浏览器的地址栏中输入网站地址，如在IE浏览器的地址栏中输入"www.ptpress.com.cn"时会自动打开人民邮电出版社的官网首页。一般情况下，首页的文件名为"index.htm""index.html""index.asp""default.asp""default.htm""default.html"。

在标准的Dreamweaver CS6环境下，建立和保存网页的操作步骤如下。

（1）选择"文件 > 新建"命令，或按Ctrl+N组合键，弹出"新建文档"对话框，选择"空白页"选项，在"页面类型"选项框中选择"HTML"选项，在"布局"选项框中选择"无"选项，创建空白网页，设置如图1-23所示。

（2）设置完成后，单击"创建"按钮，弹出"文档"窗口，新文档在该窗口中打开。根据需要，在"文档"窗口中选择不同的视图设计网页，如图1-24所示。

图1-23

图1-24

"文档"窗口中有3种视图方式，这3种视图方式的作用如下。

"代码"视图：对于有编程经验的网页设计用户而言，可在"代码"视图中查看、修改和编写网页代码，以实现特殊的网页效果，"代码"视图的效果如图1-25所示。

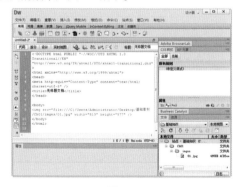

图1-25

"设计"视图：以所见即所得的方式显示所有网页元素，"设计"视图的效果如图1-26所示。

图1-26

"拆分"视图：将文档窗口分为左右两部分，左侧部分是代码部分，显示代码；右侧部分是设计部分，显示网页元素及其在页面中的布局。在此视图中，网页设计用户可通过在设计部分单击网页元素的方式，快速地定位到要修改的网页元素代码的位置，进行代码的修改，或在"属性"面板中修改网页元素的属性。"拆分"视图的效果如图1-27所示。

图1-27

（3）网页设计完成后，选择"文件 > 保存"命令，弹出"另存为"对话框，在"文件名"选项的文本框中输入网页的名称，如图1-28所示，单击"保存"按钮，将该文档保存在站点文件夹中。

图1-28

建立站点后，可以对站点进行打开、修改、复制、删除、导入、导出等操作。

1.3.1 打开站点

当要修改某个网站的内容时，首先要打开站点。打开站点的具体操作步骤如下。

（1）启动Dreamweaver CS6。

（2）选择"窗口 > 文件"命令，或按F8键，打开"文件"面板，在其中选择要打开的站点名，打开站点，如图1-29和图1-30所示。

图1-29   图1-30

1.3.2 编辑站点

有时用户需要修改站点的一些设置，此时需要编辑站点。例如，修改站点的默认图像文件夹的路径，具体操作步骤如下。

（1）选择"站点 > 管理站点"命令，弹出"管理站点"对话框。

（2）在对话框中，选择要编辑的站点名，单击"编辑当前选定的站点"按钮 🖉，在弹出的对话框中，选择"高级设置"选项，此时可根据需要进行修改，如图1-31所示，单击"保存"按钮完成设置，回到"管理站点"对话框。

图1-31

（3）如果不需要修改其他站点，可单击"完成"按钮关闭"管理站点"对话框。

1.3.3 复制站点

复制站点可省去重复建立多个结构相同的站点的操作步骤，可以提高用户的工作效率。在"管理站点"对话框中可以复制站点，具体操作步骤如下。

（1）在"管理站点"对话框左下方的按钮选项组中，单击"复制当前选定的站点"按钮 🗇 进行复制。

（2）用鼠标左键双击新复制的站点，弹出"站点设置对象 基础知识 复制"对话框，在"站点名称"选项的文本框中可以更改新站点的名称。

1.3.4 删除站点

删除站点只是删除Dreamweaver CS6同本地站点间的关系，而本地站点包含的文件和文件夹仍然保存在磁盘原来的位置上。换句话说，删除站点后，虽然站点文件夹保存在计算机中，但在Dreamweaver CS6中已经不存在此站点。即按删除站点步骤删除某个站点后，在"管理站点"对话框中，将不存在该站点的名称。

在"管理站点"对话框中删除站点的具体操作步骤如下。

（1）在"管理站点"对话框的"您的站点"列表中选择要删除的站点。

（2）单击"删除当前选定的站点"按钮 ⊟ 即可删除选择的站点。

1.3.5 导入和导出站点

如果想在计算机之间移动站点，或者与其他用户共同设计站点，可通过 Dreamweaver CS6的导入和导出站点功能实现。导出站点功能是将站点导出为".ste"格式文件，然后在其他计算机上将其导入Dreamweaver CS6中。

1. 导出站点

导出站点的具体操作步骤如下。

（1）选择"站点 > 管理站点"命令，弹出"管理站点"对话框。在对话框中，选择要导出的站点，单击"导出当前选定的站点"按钮，弹出"导出站点"对话框。

（2）在该对话框中浏览并选择保存该站点的路径，如图1-32所示，单击"保存"按钮，保存扩展名为".ste"的文件。

图1-32

（3）单击"完成"按钮，关闭"管理站点"对话框，完成导出站点的设置。

2. 导入站点

导入站点的具体操作步骤如下。

（1）选择"站点 > 管理站点"命令，弹出"管理站点"对话框。

（2）在对话框中，单击"导入站点"按钮，弹出"导入站点"对话框，浏览并选定要导入的站点，如图1-33所示，单击"打开"按钮，站点被导入，如图1-34所示。

图1-33

图1-34

（3）单击"完成"按钮，关闭"管理站点"对话框，完成导入站点的设置。

1.4 网页文件头设置

文件头标签在网页中是看不到的，它包含在网页中的<head> … </head>标签之间，所有包含在该标签之间的内容在网页中都是不可见的。文件头标签主要包括META、关键字、说明、刷新、基础和链接等。

1.4.1 插入搜索关键字

在万维网上通过搜索引擎查找资料时，搜索引擎会自动读取网页中<meta>标签的内容，所以网页中的搜索关键字非常重要，它可以间接地宣传网站，提高访问量。但搜索关键字并不是字数越多越好，因为有些搜索引擎限制索引的关键字或字符的数目，当超过了限制的数目时，它将忽略所有的关键字，所以建议只使用几个精选的关键字。一般情况下，关键字是对网页的主题、内容、风格或作者等内容的概括。

设置网页搜索关键字的具体操作步骤如下。

（1）选中文档窗口中的"代码"视图，将光标放在\<head\>标签中，选择"插入 > HTML > 文件头标签 > 关键字"命令，弹出"关键字"对话框，如图1-35所示。

图1-35

（2）在"关键字"选项的文本框中输入相应的中文或英文关键字，注意关键字间要用半角的逗号分隔。例如，设定关键字为"图片欣赏"，则"图片欣赏"对话框的设置如图1-36所示，单击"确定"按钮，完成设置。

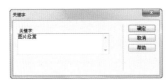

图1-36

（3）此时，观察"代码"视图，发现\<head\>标签内多了下述代码。

"\<meta name="keywords" content="图片欣赏"/\>"

同样，还可以通过\<meta\>标签来设置搜索关键字，具体操作步骤如下。

选择"插入 > HTML > 文件头标签 > Meta"命令，弹出"META"对话框。在"属性"选项的下拉列表中选择"名称"，在"值"选项的文本框中输入"keywords"，在"内容"选项的文本框中输入关键字信息，如图1-37所示。设置完成后单击"确定"按钮，可在"代码"视图中查看相应的html标记。

图1-37

1.4.2　插入作者和版权信息

要设置网页的作者和版权信息，可选择"插入 > HTML > 文件头标签 > Meta"命令，弹出"META"对话框。在"值"选项的文本框中输入"/ x.Copyright"，在"内容"选项的文本框中输入作者名称和版权信息，如图1-38所示，完成后单击"确定"按钮。

图1-38

此时，在"代码"视图中的\<head\>标签内可以查看相应的html标记。

"\<meta name="/ x.Copyright" content="作者：超峰版权归：超峰"\>"

1.4.3　设置刷新时间

要指定载入页面刷新或者转到其他页面的时间，可设置文件头部的刷新时间项，具体操作步骤如下。

（1）选中文档窗口中的"代码"视图，将光标放在\<head\>标签中，选择"插入 > HTML > 文件头标签 > 刷新"命令，弹出"刷新"对话框，如图1-39所示。

图1-39

"刷新"对话框中各选项的作用如下。

"延迟"选项：设置浏览器刷新页面之前需要等待的时间，以秒为单位。若要浏览器在完成载入后立即刷新页面，则在文本框中输入"0"。

"操作"选项组：指定在规定的延迟时间后，浏览器是转到另一个 URL还是刷新当前页面。若要打开另一个 URL 而不刷新当前页面，单击"浏览"按钮，选择要载入的页面。

如果想显示在线人员列表或浮动框架中的动态文档，那么可以指定浏览器定时刷新当前打开的网页。因为它可以实时地反映在线或离线用户，以及动态文档实时改变的信息。

（2）在"刷新"对话框中设置刷新时间。

例如，要将网页设定为每隔1分钟自动刷新，可在"刷新"对话框中进行设置，如图1-40所示。

图1-40

此时，在"代码"视图中的<head>标签内可以查看相应的html标记。

"<meta http-equiv="refresh" content="60;URL="/>"

另外，也可以通过<meta>标签实现对刷新时间的设置，具体设置如图1-41所示。

图1-41

如果想设置浏览引导主页30秒后，自动打开主页，可在引导主页的"刷新"对话框中进行如图1-42所示的设置。

图1-42

1.4.4　设置描述信息

搜索引擎也可通过读取<meta>标签的说明内容来查找信息，但说明信息主要是设计者对网页内容的详细说明，而关键字可以让搜索引擎尽

快搜索到网页。设置网页说明信息的具体操作步骤如下。

（1）选中文档窗口中的"代码"视图，将光标放在<head>标签中，选择"插入> HTML > 文件头标签>说明"命令，弹出"说明"对话框。

（2）在"说明"对话框中设置说明信息。

例如，在网页中设置为网站设计者提供"利用ASP脚本，按用户需求进行查询"的说明信息，对话框中的设置如图1-43所示。

图1-43

此时，在"代码"视图中的<head>标签内可以查看相应的html标记。

"<meta name="description" content="利用ASP脚本，按用户需求进行查询"/>"

另外，也可以通过<meta>标签实现，具体设置如图1-44所示。

图1-44

1.4.5　设置页面中所有链接的基准链接

基准链接类似于相对路径，若要设置网页文档中所有链接都以某个链接为基准，可添加一个基本链接，但其他网页的链接与此页的基准链接无关。设置基准链接的具体操作步骤如下。

（1）选中文档窗口中的"代码"视图，将光标放在<head>标签中，选择"插入>HTML >文件头标签 > 基础"命令，弹出"基础"对话框。

（2）在"基础"对话框中设置"HREF"和"目标"两个选项。这两个选项的作用如下。

"HREF"选项：设置页面中所有链接的基准链接。

"目标"选项：指定所有链接的文档都应在哪个框架或窗口中打开。

例如，当前页面中的所有链接都是以"http://www.ptpress.com.cn"为基准链接，而不是本服务器的URL地址，则"基础"对话框中的设置如图1-45所示。

图1-45

此时，在"代码"视图中的\<head>标签内可以查看相应的html标记。

"\<base href=" http://www.ptpress.com.cn " />"

一般情况下，在网页的头部插入基准链接不带有普遍性，只针对个别网页而言。当个别网页需要临时改变服务器域名和IP地址时，才在其文件头部插入基准链接。当需要大量、长久地改变链接时，网站设计者可在站点管理器中完成设置。

1.4.6 设置当前文件与其他文件的关联性

\<head> 部分的\<link>标签可以定义当前文件与其他文件之间的关系，它与 \<body> 部分的文档之间的 HTML 链接是不一样的，具体操作步骤如下。

（1）选中文档窗口中的"代码"视图，将光标放在\<head>标签中，选择"插入 > HTML > 文件头标签 > 链接"命令，弹出"链接"对话框，如图1-46所示。

图1-46

（2）在"链接"对话框中设置相应的选项。对话框中各选项的作用如下。

"HREF"选项：用于定义与当前文件相关联的文件的 URL。它并不表示通常HTML意义上的链接文件，链接元素中指定的关系更复杂。

"ID"选项：为链接指定一个唯一的标志符。

"标题"选项：用于描述关系。该属性与链接的样式表有特别的关系。

"Rel"选项：指定当前文档与"HREF"选项中的文档之间的关系。其值包括替代、样式表、开始、下一步、上一步、内容、索引、术语、版权、章、节、小节、附录、帮助和书签。若要指定多个关系，则用空格将各个值隔开。

"Rev"选项：指定当前文档与"HREF"选项中的文档之间的相反关系，与"Rel"选项相对。其值与"Rel"选项的值相同。

第 2 章

文本与文档

本章介绍

　　无论网页内容多么丰富，文本自始至终都是网页中基本的元素。由于文本产生的信息量大，输入、编辑起来也很方便，并且生成的文件小，容易被浏览器下载，不会占用太多的等待时间，因此掌握好文本的使用方法，对于制作网页来说是基本的要求。

学习目标

◆ 了解文字的输入、连续空格的输入方法。

◆ 熟悉页边距、网页的标题、网页默认格式的设置方法。

◆ 掌握文字的大小、颜色、字体、对齐方式和段落样式等的设置方法。

◆ 掌握项目符号或编号、文本缩进、插入日期、特殊字符和换行符的使用方法。

◆ 了解水平线、显示和隐藏网格和标尺的应用。

技能目标

◆ 熟练掌握"青山别墅网页"的制作方法。

◆ 熟练掌握"果蔬网"的制作方法。

◆ 熟练掌握"电器城网店"的制作方法。

◆ 熟练掌握"休闲度假网页"的制作方法。

文本是网页中基本的元素，它不仅能准确表达网页制作者的思想，还有信息量大、输入修改方便、生成的文件小、易于浏览下载等特点。因此，对于网站设计者而言，掌握文本的使用方法非常重要。但是与图像及其他相比，文本很难激发浏览者的阅读兴趣，所以用户制作网页时，除了要在文本的内容上多下功夫外，排版也非常重要。在文档中灵活运用丰富的字体、多种段落格式以及赏心悦目的文本效果，对于一个专业的网站设计者而言，是一项必不可少的技能。

命令介绍

设置文本属性：可以通过属性面板设置文本的字体、字号、样式、对齐方式等。

输入连续的空格：设置输入空格的方式。

2.1.1 课堂案例——青山别墅网页

【**案例学习目标**】使用"修改"命令，设置页面外观、网页标题等效果；使用"编辑"命令，设置允许多个连续空格、显示不可见元素效果。

【**案例知识要点**】使用"页面属性"命令，设置页面外观、网页标题效果；使用"首选参数"命令，设置允许多个连续空格，如图2-1所示。

【**效果所在位置**】Ch02/效果/青山别墅网页/index.html。

图2-1

1. 设置页面属性

（1）选择"文件 > 打开"命令，在弹出的"打开"对话框中，选择本书学习资源中的"Ch02 > 素材 > 青山别墅网页 > index.html"

文件，单击"打开"按钮打开文档，如图2-2所示。

图2-2

（2）选择"修改 > 页面属性"命令，弹出"页面属性"对话框。在左侧的"分类"列表中选择"外观（CSS）"选项，将右侧的"页面字体"选项设为"微软雅黑"，"大小"选项设为15，"文本颜色"选项设为白色，"左边距""右边距""上边距""下边距"选项均设为0，如图2-3所示。

图2-3

（3）在左侧的"分类"列表中选择"标题/编码"选项，在右侧的"标题"选项文本框中输入"青山别墅网页"，如图2-4所示，单击"确定"按钮，完成页面属性的修改，效果如图2-5所示。

图2-4

图2-5

2．输入空格和文字

（1）选择"编辑 > 首选参数"命令，弹出"首选参数"对话框，在左侧的"分类"列表中选择"常规"选项，在右侧的"编辑选项"选项组中勾选"允许多个连续的空格"复选框，如图2-6所示，单击"确定"按钮完成设置。将光标置入图2-7所示的单元格中。

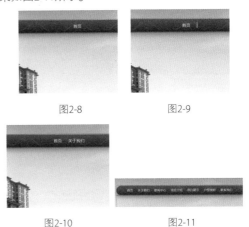

图2-8　　　　　图2-9

示。在光标所在的位置输入文字"关于我们"，如图2-10所示。用相同的方法输入其他文字，效果如图2-11所示。

图2-10　　　　　图2-11

（3）选择"编辑 > 首选参数"命令，弹出"首选参数"对话框，在左侧的"分类"列表中选择"不可见元素"选项，在右侧的"显示"选项组中勾选"换行符"复选框，如图2-12所示，单击"确定"按钮完成设置。将光标置入图2-13所示的单元格中。

图2-6

图2-12

图2-7

（2）在光标所在位置输入文字"首页"，如图2-8所示。按6次Space键输入空格，如图2-9所

图2-13

（4）在光标所在的位置输入文字"一次令人心跳加速的神秘约会即将来临！"，如图2-14所示。按Shift+Enter组合键，将光标切换至下一

行，输入文字"精装修外销公寓，直接入住!"，
如图2-15所示。

图2-14　　　　　　　　图2-15

（5）按Enter键，将光标切换至下一段，如图
2-16所示。输入文字"家在风景里"，如图2-17所
示。按Shift+Enter组合键，将光标切换至下一行，
输入文字"绿意生活即时上演"，如图2-18所示。

图2-16　　　　　　　　图2-17

图2-18

（6）选择"窗口 > CSS样式"命令，或按
Shift+F11组合键，弹出"CSS样式"面板，单击
面板下方的"新建CSS规则"按钮，在弹出的
"新建CSS规则"对话框中进行设置，如图2-19所
示。单击"确定"按钮，在弹出的".text1的CSS
规则定义"对话框中进行设置，如图2-20所示，
单击"确定"按钮，完成样式的创建。

图2-20

（7）选中图2-21所示的文字，在"属性"面
板"类"选项的下拉列表中选择"text"选项，
应用样式，效果如图2-22所示。

图2-21　　　　　　　　图2-22

（8）单击"CSS样式"面板下方的"新建CSS
规则"按钮，在弹出的"新建CSS规则"对话
框中进行设置，如图2-23所示。单击"确定"按
钮，在弹出的".text2的CSS规则定义"对话框中
进行设置，如图2-24所示，单击"确定"按钮，
完成样式的创建。

图2-23

图2-19

图2-24

（9）选中图2-25所示的文字，在"属性"面板"类"选项的下拉列表中选择"text2"选项，应用样式，效果如图2-26所示。

图2-25　　　　　　　　图2-26

（10）保存文档，按F12键预览效果，如图2-27所示。

图2-27

2.1.2　输入文本

应用Dreamweaver CS6编辑网页时，在文档窗口中光标为默认显示状态。要添加文本，首先应将光标移动到文档窗口中的编辑区域，然后直接输入文本，就像在其他文本编辑器中一样。打开一个文档，在文档中单击鼠标左键，将光标置于其中，然后在光标后面输入文本，如图2-28所示。

图2-28

🔍 提示

除了直接输入文本外，也可将其他文档中的文本复制后，粘贴到当前的文档中。需要注意的是，粘贴文本到Dreamweaver CS6的文档窗口时，该文本不会保持原有的格式，但是会保留原来文本中的段落格式。

2.1.3　设置文本属性

利用文本属性可以方便地修改选中文本的字体、字号、样式、对齐方式等，以获得预期的效果。

选择"窗口 > 属性"命令，打开"属性"面板，在HTML和CSS属性面板中都可以设置文本的属性，如图2-29和图2-30所示。

图2-29

图2-30

"属性"面板中各选项的含义如下。

"格式"选项：设置所选文本的段落样式。例如，使段落应用"标题1"的段落样式。

"项目列表"按钮 ☷、"编号列表"按钮 ☷：设置段落的项目符号或编号。

"删除内缩区块"按钮 ☵、"内缩区块"按钮 ☵：设置段落文本向右凸出或向左缩进一定距离。

"目标规则"选项：设置已定义的或引用的CSS样式为文本的样式。

"字体"选项：设置文本的字体组合。

"大小"选项：设置文本的字级。

"文本颜色"按钮 ▢：设置文本的颜色。

"粗体"按钮 B、"斜体"按钮 I：设置文字格式。

"左对齐"按钮 ☰、"居中对齐"按钮 ☰、"右对齐"按钮 ☰、"两端对齐"按钮 ☰：设置段落在网页中的对齐方式。

2.1.4　输入连续的空格

在默认状态下，Dreamweaver CS6只允许网站设计者输入一个空格。要输入连续多个空格，则需要进行设置或通过特定操作来实现。

1. 设置"首选参数"对话框

（1）选择"编辑 > 首选参数"命令，弹出"首选参数"对话框，如图2-31所示。

图2-31

（2）在左侧的"分类"列表中选择"常规"选项，在右侧的"编辑选项"选项组中选择"允许多个连续的空格"复选框，单击"确定"按钮完成设置。此时，用户可连续按Space键在文档编辑区内输入多个空格。

2. 直接插入多个连续空格

在Dreamweaver CS6中直接插入多个连续空格，有以下3种方法。

① 选择"插入"面板中的"文本"选项卡，单击"字符"展开式按钮 ，选择"不换行空格"按钮 。

② 选择"插入 > HTML > 特殊字符 > 不换行空格"命令，或按Ctrl+Shift+Space组合键。

③ 将输入法转换到中文的全角状态下。

2.1.5 设置是否显示不可见元素

在网页的设计视图中，有一些元素仅用来标志该元素的位置，而在浏览器中是不可见的。例如，脚本图标用来标志文档正文中的 Javascript 或 Vbscript 代码的位置，换行符图标用来标志每个换行符
 的位置等。在设计网页时，为了快速找到这些不可见元素的位置，常常改变这些元素在设计视图中的可见性。

显示或隐藏某些不可见元素的具体操作步骤如下。

（1）选择"编辑 > 首选参数"命令，弹出"首选参数"对话框。

（2）在左侧的"分类"列表中选择"不可见元素"选项，根据需要选择或取消选择右侧的多个复选框，以实现不可见元素的显示或隐藏，如图2-32所示，单击"确定"按钮完成设置。

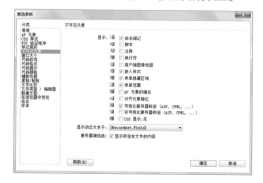

图2-32

常用的不可见元素是换行符、脚本、命名锚记、AP元素的锚点和表单隐藏区域，一般将它们设为可见。

但细心的网页设计者会发现，虽然在"首选参数"对话框中设置某些不可见元素为显示的状态，但在网页的设计视图中却看不见这些不可见元素。为了解决这个问题，还必须选择"查看 > 可视化助理 > 不可见元素"命令，选择"不可见元素"选项后，效果如图2-33所示。

图2-33

> 🔍 提示
>
> 要在网页中添加换行符，不能只按Enter键，而要按Shift+Enter组合键。

2.1.6 设置页边距

按照文章的书写规则，正文与纸的四周需要留有一定的距离，这个距离叫页边距。网页设计也是如此，在默认状态下文档的上、下、左、右边距不为零。

修改页边距的具体操作步骤如下。

（1）选择"修改 > 页面属性"命令，弹出"页面属性"对话框，如图2-34所示。

图2-34

🔍 提示

在"页面属性"对话框中选择"外观（HTML）"选项，"页面属性"对话框提供的界面将发生改变，如图2-35所示。

图2-35

（2）根据需要在对话框的"左边距""右边距""上边距""下边距""边距宽度""边距高度"选项的数值框中输入相应的数值。这些选项的含义如下。

"左边距""右边距"：指定网页内容浏览器左、右页边的大小。

"上边距""下边距"：指定网页内容浏览器上、下页边的大小。

"边距宽度"：指定网页内容Navigator浏览器左、右页边的大小。

"边距高度"：指定网页内容Navigator浏览器上、下页边的大小。

2.1.7 设置网页的标题

HTML页面的标题可以帮助站点浏览者理解所查看的网页的内容，并在浏览者的历史记录和书签列表中标志页面。文档的文件名是通过保存文件命令保存的网页文件名称，而页面标题是浏览者在浏览网页时浏览器标题栏中显示的信息。

更改页面标题的具体操作步骤如下。

（1）选择"修改 > 页面属性"命令，弹出"页面属性"对话框。

（2）在左侧的"分类"列表中选择"标题/编码"选项，在右侧的"标题"文本框中输入页面标题，如图2-36所示。单击"确定"按钮完成设置。

图2-36

2.1.8 设置网页的默认格式

用户在制作新网页时，页面都有一些默认的属性，如网页的标题、网页边界、文字编码、文字颜色和超链接的颜色等。若需要修改网页的页面属性，可选择"修改 > 页面属性"命令，弹出"页面属性"对话框，如图2-37所示。对话框中各选项的作用如下。

图2-37

"外观"选项组：设置网页文字的字体、字号、颜色，网页背景色，背景图像和网页边界。

"链接"选项组：设置链接文字的格式。

"标题"选项组：为标题1至标题6指定标题标签的字体大小和颜色。

"标题/编码"选项组：设置网页的标题和网页的文字编码。一般情况下，将网页的文字编码设定为简体中文GB2312编码。

"跟踪图像"选项组：一般在复制网页时，若想使原网页的图像作为复制网页的参考图像，可使用跟踪图像的方式实现。跟踪图像仅作为复制网页的设计参考图像，在浏览器中并不显示出来。

命令介绍

改变文本的颜色：在"文本颜色"选项中选择文本颜色时，可以在颜色按钮右边的文本框中直接输入文本颜色的十六进制数值。

改变文本的对齐方式：文本的对齐方式是指文字相对于文档窗口或浏览器窗口在水平位置的对齐方式。

2.1.9　课堂案例——果蔬网

【案例学习目标】使用"属性"面板，改变网页中的元素，使网页变得更加美观。

【案例知识要点】使用"属性"面板，设置文字大小、颜色及字体，如图2-38所示。

【效果所在位置】Ch02/效果/果蔬网/index.html。

图2-38

1. 添加字体

（1）选择"文件 > 打开"命令，在弹出的"打开"对话框中，选择本书学习资源中的"Ch02 > 素材 > 果蔬网 > index.html"文件，单击"打开"按钮打开文件，如图2-39所示。

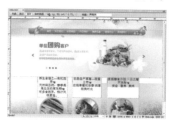

图2-39

（2）在"属性"面板中，单击"字体"选项右侧的按钮，在弹出的列表中选择"编辑字体列表…"选项，如图2-40所示。

图2-40

（3）弹出"编辑字体列表"对话框，在"可用字体"列表中选择需要的字体，如图2-41所示，然后单击按钮，将其添加到"字体列表"中，如图2-42所示。单击"确定"按钮完成字体的添加。

图2-41

图2-42

2. 改变文字外观

（1）选择"窗口 > CSS样式"命令，弹出"CSS样式"面板，单击面板下方的"新建CSS规则"按钮，在弹出的"新建CSS规则"对话框中进行设置，如图2-43所示，单击两次"确定"按钮，完成样式的创建。选中图2-44所示的文字，在"目标规则"选项的下拉列表中选择刚刚定义的样式".bt"，应用样式。

图2-43　　　　　　　图2-44

（2）在"属性"面板"字体"选项的下拉列表中选择新添加的"黑体"选项，将"大小"选项设为14，单击"粗体"按钮，单击"颜色"按钮，在弹出的颜色面板中再次单击频谱图标，弹出"颜色"对话框，在右侧频谱中用鼠标左键单击需要的颜色，并在明度调整条中设定亮度，如图2-45所示，单击"确定"按钮，此时的"属性"面板如图2-46所示，效果如图2-47所示。

图2-45

图2-46

图2-47

（3）单击"CSS样式"面板下方的"新建CSS规则"按钮，在弹出的"新建CSS规则"对话框中进行设置，如图2-48所示，单击两次"确定"按钮，完成样式的创建。选中图2-49所示的文字，在"目标规则"选项的下拉列表中选择".text"，应用样式。

图2-48　　　　　　　图2-49

（4）在"属性"面板"字体"选项的下拉列表中选择"黑体"选项，将"大小"选项设为12，"颜色"选项设为绿色（#318d0a），"属性"面板如图2-50所示，效果如图2-51所示。

图2-50

图2-51

（5）选中图2-52所示的文字，在"属性"面板"类"选项的下拉列表中选择".bt"，应用样式，效果如图2-53所示。选中图2-54所示的文字，在"属性"面板"类"选项的下拉列表中选择".text"，应用样式，效果如图2-55所示。

图2-52　　　图2-53　　　图2-54　　　图2-55

（6）用上述的方法为其他文字应用相应的样式，效果如图2-56所示。

图2-56

（7）保存文档，按F12键预览效果，如图2-57所示。

图2-57

2.1.10 改变文本的大小

Dreamweaver CS6提供了两种改变文本大小的方法，一种是设置文本的默认大小，另一种是设置选中文本的大小。

1. 设置文本的默认大小

（1）选择"修改 > 页面属性"命令，弹出"页面属性"对话框。

（2）在左侧的"分类"列表中选择"外观（CSS）"选项，在右侧的"大小"选项中根据需要选择文本的大小，如图2-58所示，单击"确定"按钮完成设置。

图2-58

2. 设置选中文本的大小

在Dreamweaver CS6中，可以通过"属性"面板设置选中文本的大小，步骤如下。

（1）在文档窗口中选中文本。

（2）在"属性"面板中，单击"大小"选项的下拉列表选择相应的值，如图2-59所示。

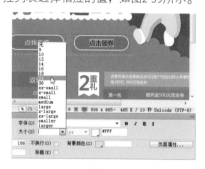

图2-59

2.1.11 改变文本的颜色

丰富的视觉色彩可以吸引用户的注意，网页中的文本不仅可以是黑色的，还可以呈现为其他色彩，最多时可达到16 777 216种颜色。颜色的种类与用户显示器的分辨率和颜色值有关，所以，通常在216种网页色彩中选择文字的颜色。

Dreamweaver CS6中提供了两种改变文本颜色的方法，一种是设置文本的默认颜色，另一种是设置选中文本的颜色。

1. 设置文本的默认颜色

（1）选择"修改 > 页面属性"命令，弹出"页面属性"对话框。

（2）在左侧的"分类"列表中选择"外观（CSS）"选项，在右侧的"文本颜色"选项中选择具体的文本颜色，如图2-60所示，单击"确定"按钮完成设置。

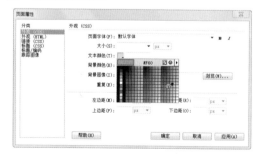

图2-60

2. 设置选中文本的颜色

为了给不同的文字设定不同的颜色，Dreamweaver CS6提供了两种改变选中文本颜色的方法。

通过"文本颜色"按钮设置选中文本的颜色，步骤如下。

（1）在文档窗口中选中文本。

（2）单击"属性"面板中的"颜色"按钮，在弹出的面板中选择相应的颜色，如图2-61所示。

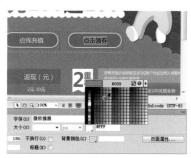

图2-61

通过"颜色"命令设置选中文本的颜色，步骤如下。

（1）在文档窗口中选中文本。

（2）选择"格式 > 颜色"命令，弹出"颜色"对话框，如图2-62所示。选择相应的颜色，单击"确定"按钮完成设置。

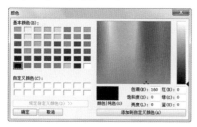

图2-62

2.1.12 改变文本的字体

Dreamweaver CS6提供了两种改变文本字体的方法，一种是设置文本的默认字体，另一种是设置选中文本的字体。

1. 设置文本的默认字体

（1）选择"修改 > 页面属性"命令，弹出"页面属性"对话框。

（2）在左侧的"分类"列表中选择"外观（CSS）"选项，在右侧选择"页面字体"选项，弹出其下拉列表，如果列表中有合适的字体组合，可直接单击选择该字体组合，如图2-63所示。否则，需选择"编辑字体列表…"选项，在弹出的"编辑字体列表"对话框中自定义字体组合。

图2-63

（3）在"可用字体"列表中选择需要的字体，如图2-64所示，然后单击按钮，将其添加到"字体列表"中，如图2-65所示。单击按钮，在"可用字体"列表中选中另一种字体，再次单击按钮，在"字体列表"中建立字体组合，单击"确定"按钮完成设置。

图2-64

图2-65

（4）重新在"页面属性"对话框中"页面字

体"选项的下拉列表中选择刚建立的字体组合作为文本的默认字体。

2. 设置选中文本的字体

为了将不同的文字设定为不同的字体，Dreamweaver CS6提供了两种改变选中文本字体的方法。

通过"字体"选项设置选中文本的字体，步骤如下。

（1）在文档窗口中选中文本。

（2）选择"属性"面板，在"字体"选项的下拉列表中选择相应的字体，如图2-66所示。

图2-66

通过"字体"命令设置选中文本的字体，步骤如下。

（1）在文档窗口中选中文本。

（2）单击鼠标右键，在弹出的菜单中选择"字体"命令，在弹出的子菜单中选择相应的字体，如图2-67所示。

图2-67

2.1.13　改变文本的对齐方式

在Dreamweaver CS6中，可以通过单击"属性"面板中的对齐按钮，更改文字在文档窗口或浏览器窗口中水平位置的对齐方式。对齐方式按

钮有4种，分别为：左对齐、居中对齐、右对齐和两端对齐。

通过对齐按钮改变文本的对齐方式，步骤如下。

（1）将插入点放在文本中，或者选择段落。

（2）在"属性"面板中单击相应的对齐按钮，如图2-68所示。

图2-68

对段落文本的对齐操作，实际上是对<p>标记的align属性进行设置。align属性值有3种，其中left表示左对齐，center表示居中对齐，而right表示右对齐。例如，下面的3条语句分别设置了段落的左对齐、居中对齐和右对齐方式，效果如图2-69所示。

文本左对齐

文本居中对齐

文本右对齐

通过"对齐"命令改变文本的对齐方式，步骤如下。

（1）将插入点放在文本中，或者选择段落。

（2）选择"格式 > 对齐"命令，弹出其子菜单，如图2-70所示，选择相应的对齐方式。

图2-69　　　　　　　　图2-70

2.1.14　设置文本样式

文本样式是指字符的外观显示方式，如加粗文本、倾斜文本和文本加下划线等。

1. 通过"样式"命令设置文本样式

（1）在文档窗口中选中文本。

（2）选择"格式 > 样式"命令，在弹出的子菜单中选择相应的样式，如图2-71所示。

图2-71

（3）选择需要的选项后，即可为选中的文本设置相应的字符格式，被选中的菜单命令左侧会带有选中标记✓。

🔍 提示

　　如果希望取消设置的字符格式，可以再次打开子菜单，取消对该菜单命令的选择。

2. 通过"属性"面板快速设置文本样式

单击"属性"面板中的"粗体"按钮**B**和"斜体"按钮*I*可快速设置文本的样式，如图2-72所示。如果要取消粗体或斜体样式，再次单击相应的按钮即可。

图2-72

3. 使用组合键快速设置文本样式

另一种快速设置文本样式的方法是使用组合键。按Ctrl+B组合键，可以将选中的文本加粗。按Ctrl+I组合键，可以将选中的文本倾斜。

🔍 提示

　　再次按相应的组合键，则可取消文本样式。

2.1.15　段落文本

段落是指描述一个主题并且格式统一的一段文字。在文档窗口中，输入一段文字后按Enter键，这段文字就显示在<P>…</P>标签中。

1. 应用段落格式

通过"格式"选项应用段落格式，步骤如下。

（1）将插入点放在段落中，或者选择段落中的文本。

（2）选择"属性"面板，在"格式"选项的下拉列表中选择相应的格式，如图2-73所示。

通过"段落格式"命令应用段落格式，步骤如下。

（1）将插入点放在段落中，或者选择段落中的文本。

（2）选择"格式 > 段落格式"命令，弹出其子菜单，如图2-74所示，选择相应的段落格式。

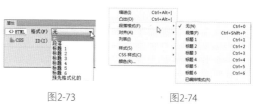

图2-73　　　　　图2-74

2. 指定预格式

预格式标记是<pre>和</pre>。预格式化是指用户预先对<pre>和</pre>的文字进行格式化，以便在浏览器中按真正的格式显示其中的文本。例如，用户在段落中插入多个空格，但浏览器却按一个空格处理。为这段文字指定预格式后，就会按用户的输入显示多个空格。

通过"格式"选项指定预格式的具体操作步骤如下。

（1）将插入点放在段落中，或者选择段落中的文本。

（2）选择"属性"面板，在"格式"选项的下拉列表中选择"预先格式化的"选项，如图2-75所示。

通过"段落格式"命令指定预格式的具体操作步骤如下。

（1）将插入点放在段落中，或者选择段落中的文本。

（2）选择"格式 > 段落格式"命令，在弹出的子菜单中选择"已编排格式"命令，如图2-76所示。

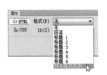

图2-75 　　　　　图2-76

通过"已编排格式"按钮指定预格式，单

击"插入"面板"文本"选项卡中的"已编排格式"按钮 **PRE**，指定预格式。

> 🔍 **提 示**
>
> 　　若想去除文字的格式，可按上述方法，将"格式"选项设为"无"。

2.2 项目符号和编号列表

　　项目符号和编号可以表示不同段落的文本之间的关系，因此，在文本上设置编号或项目符号并进行适当的缩进，可以直观地表示文本间的逻辑关系。

命令介绍

　　设置项目符号或编号：项目符号和编号用以表示不同段落的文本之间的关系。

　　插入日期：在网页中插入系统的日期和时间，当用户在不同时间浏览该网页时，总是显示当前的日期和时间。

　　特殊字符：特殊字符包含换行符、不换行空格、版权信息、注册商标等。当在网页中插入特殊字符时，在"代码"视图中显示的是特殊字符的源代码，在"设计"视图中显示的是一个标记，只有在浏览器中才能显示真面目。

2.2.1 课堂案例——电器城网店

　　【**案例学习目标**】使用文本命令改变列表的样式。

　　【**案例知识要点**】使用"项目列表"按钮，创建列表；使用"CSS样式"命令，修改文字的样式，如图2-77所示。

　　【**效果所在位置**】Ch02/效果/电器城网店/index.html。

图2-77

　　（1）选择"文件 > 打开"命令，在弹出的"打开"对话框中，选择本书学习资源中的"Ch02 > 素材 > 电器城网店 > index.html"文件，单击"打开"按钮打开文件，如图2-78所示。

图2-78

　　（2）选中图2-79所示的文字，单击"属性"面板中的"编号列表"按钮 **≣**，列表前生成编号，效果如图2-80所示。

图2-79

图2-80

（3）选择"窗口 > CSS样式"命令，弹出"CSS样式"面板。单击面板下方的"新建CSS规则"按钮 ，在弹出的"新建CSS规则"对话框中进行设置，如图2-81所示。单击"确定"按钮，弹出".text的CSS规则定义"对话框，在左侧的"分类"列表中选择"类型"选项，在"Font-weight"选项的下拉列表中选择"bold"选项，将"Color"选项设为红色（#F00），如图2-82所示，单击"确定"按钮，完成样式的创建。

图2-81

图2-82

（4）选中图2-83所示的文字，在"属性"面板"类"选项的下拉列表中选择"text"选项，应用样式，效果如图2-84所示。

图2-83

图2-84

（5）用相同的方法为其他文字应用样式，制作出图2-85所示的效果。保存文档，按F12键预览效果，如图2-86所示。

图2-85

图2-86

2.2.2 设置项目符号或编号

通过项目列表或编号列表按钮设置项目符号或编号，步骤如下。

（1）选择段落。

（2）在"属性"面板中，单击"项目列表"按钮 或"编号列表"按钮 ，为文本添加项目符号或编号。设置了项目符号和编号后的段落效果如图2-87所示。

通过列表设置项目符号或编号，步骤如下。

（1）选择段落。

（2）选择"格式 > 列表"命令，弹出其子菜单，如图2-88所示，选择"项目列表"或"编号列表"命令。

图2-87　　　　图2-88

2.2.3 修改项目符号或编号

修改项目符号或编号的步骤如下。

（1）将插入点放在设置项目符号或编号的文本中。

（2）通过以下两种方法弹出"列表属性"对话框。

① 单击"属性"面板中的"列表项目"按钮 列表项目... 。

② 选择"格式 > 列表 > 属性"命令。

在对话框中，先选择"列表类型"选项，确认是要修改项目符号还是编号，如图2-89所示。然后在"样式"选项中选择相应的列表或编号的样式，如图2-90所示。单击"确定"按钮完成设置。

图2-89

图2-90

2.2.4 设置文本缩进格式

设置文本缩进格式有以下3种方法。

① 在"属性"面板中单击"缩进"按钮 或"凸出"按钮 ，使段落向右移动或向左移动。

② 选择"格式 > 缩进"或"格式 > 凸出"命令，使段落向右移动或向左移动。

③ 按Ctrl+Alt+] 或Ctrl+Alt+ [组合键，使段落向右移动或向左移动。

2.2.5 插入日期

（1）在文档窗口中，将插入点放置在想要插入对象的位置。

（2）通过以下两种方法启动"插入日期"对话框，"插入日期"对话框如图2-91所示。

图2-91

① 选择"插入"面板中的"常用"选项卡，单击"日期"工具按钮 。

② 选择"插入 > 日期"命令。

对话框中包含"星期格式""日期格式""时间格式""储存时自动更新"4个选项。前3个选项用于设置星期、日期和时间的显示格式，后一个选项表示是否按系统当前时间显示日期时间，若选择此复选框，则显示当前的日期时间，否则仅按创建网页时的设置显示。

（3）选择相应的日期和时间的格式，单击"确定"按钮完成设置。

2.2.6 特殊字符

在网页中插入特殊字符，有以下2种方法。

① 单击"字符"展开式工具按钮 。选择"插入"面板中的"文本"选项卡，单击"字符"展开式工具按钮 ，弹出其他特殊字符按钮，如图2-92所示。在其中选择需要的特殊字符的工具按钮，即可插入特殊字符。

"换行符"按钮 ：用于在文档中强行换行。

"不换行空格"按钮 ：用于连续空格的输入。

"其他字符"按钮 ：使用此按钮，可在弹出的"插入其他字符"对话框中单击需要的字符，该字符的代码就会出现在"插入"选项的文本框中，也可以直接在该文本框中输入字符代码，单击"确定"按钮，将字符插入文档中，如图2-93所示。

② 选择"插入 > HTML > 特殊字符"命令，在弹出的子菜单中选择需要的特殊字符。

图2-92

图2-93

2.2.7　插入换行符

为段落添加换行符有以下3 种方法。

① 选择"插入"面板中的"文本"选项卡，单击"字符"展开式工具按钮 ，选择"换行符"按钮 ，如图2-94所示。

图2-94

② 按Shift+Enter组合键。

③ 选择"插入 > HTML > 特殊字符 > 换行符"命令。

在文档中插入换行符的操作步骤如下。

（1）打开一个网页文件，输入一段文字，如图2-95所示。

（2）按Shift+Enter组合键，光标换到另一个段落，如图2-96所示。按Shift+Ctrl+Space组合键，输入空格，输入文字，如图2-97所示。

（3）使用相同的方法，输入换行符和文字，效果如图2-98所示。

图2-95　　　　　　　　图2-96

图2-97　　　　　　　　图2-98

2.3　水平线、网格与标尺

水平线可以将文字、图像、表格等对象在视觉上分割开。如果在一篇内容繁杂的文档中合理地放置几条水平线，文档就会变得层次分明，便于阅读。

虽然Dreamweaver提供了所见即所得的编辑器，但是通过视觉来判断网页元素的位置并不准确。要想精确地定位网页元素，必须依靠Dreamweaver提供的定位工具。

命令介绍

水平线：水平线是非常有效的文本分隔工具，它可以让站点访问者在文本和其他网页元素之间形成视觉距离。

2.3.1　课堂案例——休闲度假网页

【案例学习目标】使用"插入"命令插入水平线。使用代码改变水平线的颜色。

【案例知识要点】使用"水平线"命令，在文档中插入水平线；使用"属性"面板，改变水平线的高度；使用代码改变水平线的颜色，如图2-99所示。

【效果所在位置】Ch02/效果/休闲度假网页/index.html。

图2-99

1. 插入水平线

（1）选择"文件 > 打开"命令，在弹出的"打开"对话框中，选择本书学习资源中的"Ch02 > 素材 > 休闲度假网页 > index.html"文件，单击"打开"按钮打开文件，如图2-100所示。将光标置入图2-101所示的单元格中。

图2-100   图2-101

（2）选择"插入 > HTML > 水平线"命令，插入水平线，效果如图2-102所示。选中水平线，在"属性"面板中，将"高"选项设为1，取消选择"阴影"复选框，如图2-103所示，水平线效果如图2-104所示。

图2-102

图2-103

图2-104

2. 改变水平线的颜色

（1）选中水平线，单击文档窗口左上方的"拆分"按钮 拆分 ，在"拆分"视图窗口中的"noshade"代码后面置入光标，按一次空格键，标签列表中出现了该标签的属性参数，在其中选择属性"color"，如图2-105所示。

图2-105

（2）插入属性后，在弹出的颜色面板中选择需要的颜色，如图2-106所示，标签效果如图2-107所示。

图2-106

图2-107

（3）用上述方法制作出如图2-108所示的效果。

图2-108

（4）水平线的颜色不能在Dreamweaver CS6界面中确认。保存文档，按F12键，预览效果如图2-109所示。

图2-109

2.3.2 水平线

水平线在网页的版式设计中是非常有用的，可以用来分隔文本、图像、表格等对象。

1. 创建水平线

（1）单击"插入"面板"常用"选项卡中的"水平线"按钮 。

（2）选择"插入 > HTML > 水平线"命令。

2. 修改水平线

在文档窗口中，选中水平线，选择"窗口 >

属性"命令，弹出"属性"面板，可以根据需要对属性进行修改，如图2-110所示。

图2-110

在"水平线"选项下方的文本框中输入水平线的名称。

在"宽"选项的文本框中输入水平线的宽度值，其设置单位值可以是像素值，也可以是相对页面水平宽度的百分比值。

在"高"选项的文本框中输入水平线的高度值，这里只能是像素值。

在"对齐"选项的下拉列表中，可以选择水平线在水平位置上的对齐方式，可以是"左对齐""右对齐"或"居中对齐"，也可以选择"默认"选项使用默认的对齐方式，一般为"居中对齐"。

如果选择"阴影"复选框，水平线则被设置为阴影效果。

2.3.3　显示和隐藏网格

使用网格可以更加方便地定位网页元素，在网页布局时网格也具有至关重要的作用。

1．显示和隐藏网格

选择"查看 > 网格设置 > 显示网格"命令，或按Ctrl+Alt+G组合键，此时处于显示网格的状态，网格在"设计"视图中可见，如图2-111所示。

图2-111

2．设置网页元素与网格对齐

选择"查看 > 网格设置 > 靠齐到网格"命令，或按Ctrl+Alt+Shift+G组合键，此时，无论网格是否可见，都可以让网页元素自动与网格对齐。

3．修改网格的疏密

选择"查看 > 网格设置 > 网格设置"命令，弹出"网格设置"对话框，如图2-112所示。在"间隔"选项的文本框中输入一个数字，并从下拉列表中选择间隔的单位，单击"确定"按钮关闭对话框，完成网格线间隔的修改。

图2-112

4．修改网格线的形状和颜色

选择"查看 > 网格设置 > 网格设置"命令，弹出"网格设置"对话框。在对话框中，先单击"颜色"按钮并从颜色拾取器中选择一种颜色，或者在文本框中输入一个十六进制的数字，然后单击"显示"选项组中的"线"或"点"单选项，如图2-113所示，最后单击"确定"按钮，完成网格线颜色和线型的修改。

图2-113

2.3.4　标尺

标尺显示在文档窗口的页面上方和左侧，用以标志网页元素的位置。标尺的单位分为像素、英寸和厘米。

1．在文档窗口中显示标尺

选择"查看 > 标尺 > 显示"命令，或按Ctrl+Alt+R组合键，此时标尺处于显示的状态，如图2-114所示。

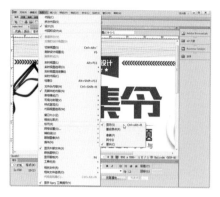

图2-114

2. 改变标尺的计量单位

选择"查看 > 标尺"命令，在其子菜单中选择需要的计量单位，如图2-115所示。

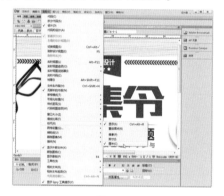

图2-115

3. 改变坐标原点

用鼠标指针单击文档窗口左上方的标尺交叉点，鼠标的指针变为"+"形，按住鼠标左键向右下方拖曳鼠标，如图2-116所示。在要设置新的

坐标原点的地方松开鼠标左键，坐标原点将随之改变，如图2-117所示。

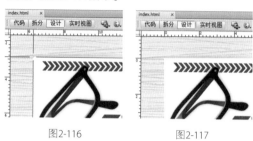

图2-116   图2-117

4. 重置标尺的坐标原点

选择"查看 > 标尺 > 重设原点"命令，如图2-118所示，可将坐标原点还原成（0，0）点。

图2-118

> 🔍 提示
>
> 将坐标原点恢复到初始位置，还可以通过用鼠标指针双击文档窗口左上方的标尺交叉点完成操作。

📝 课堂练习——爱在七夕网页

【练习知识要点】使用"页面属性"命令，设置页面边距和标题；使用"CSS样式"命令，改变文本的颜色及行距的显示，如图2-119所示。

【素材所在位置】Ch02/素材/爱在七夕网页/images。

【效果所在位置】Ch02/效果/爱在七夕网页/index.html。

图2-119

课后习题——有机果蔬网页

【习题知识要点】使用"页面属性"命令，设置页面外观、网页标题效果；使用"首选参数"命令，设置允许多个连续空格；使用"CSS样式"命令，设置文字的大小和行距，如图2-120所示。

【素材所在位置】Ch02/素材/有机果蔬网页/images。

【效果所在位置】Ch02/效果/有机果蔬网页/index.html。

图2-120

第 3 章

图像和多媒体

本章介绍

　　图像在网页中的作用是非常重要的，图像、按钮、标志可以使网页更加美观、形象生动，使网页中的内容更加丰富多彩。

　　所谓"媒体"是指信息的载体，包括文字、图形、动画、音频和视频等。在Dreamweaver CS6中，用户可以方便快捷地向Web站点添加声音和影片媒体，并可以导入和编辑多个媒体文件和对象。

学习目标

◆ 了解图像的格式。

◆ 了解图像的插入、图像的属性、添加文字说明和跟踪图像的应用。

◆ 掌握Flash动画、FLV、Shockwave影片、ActiveX控件的插入方法。

技能目标

◆ 熟练掌握"纸杯蛋糕网页"的制作方法。

◆ 熟练掌握"准妈妈课堂网页"的制作方法。

3.1 图像的插入

网站发布的目的就是要让更多的浏览者浏览设计的站点，网站设计者必须想办法吸引浏览者的注意，所以网页除了包含文字外，还要包含各种赏心悦目的图像。因此，对于网站设计者而言，掌握图像的使用技巧是非常必要的。

命令介绍

设置图像属性：将图像插入文档中，对插入的图像的属性进行设置或修改，并直接在文档中查看所做的效果。

插入图像占位符：在网页布局时，网站设计者需要先设计图像在网页中的位置，等设计方案通过后，再将这个位置变成具体图像。

3.1.1 课堂案例——纸杯蛋糕网页

【案例学习目标】使用"常用"面板，插入图像。

【案例知识要点】使用"图像"按钮，插入图像；使用"CSS样式"命令，控制图像的水平边距，如图3-1所示。

【效果所在位置】Ch03/效果/纸杯蛋糕网页/index.html。

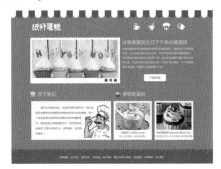

图3-1

（1）选择"文件 > 打开"命令，在弹出的"打开"对话框中，选择本书学习资源中的"Ch03 > 素材 > 纸杯蛋糕网页 > index.html"文件，单击"打开"按钮打开文件，如图3-2所示。将光标置入如图3-3所示的单元格中。

图3-2

图3-3

（2）单击"插入"面板"常用"选项卡中的"图像"按钮圆·，在弹出的"选择图像源文件"对话框中，选择本书学习资源中的"Ch03 > 素材 > 纸杯蛋糕网页 > images"文件夹中的"img_1.png"文件，单击"确定"按钮完成图片的插入，如图3-4所示。用相同的方法将"img_2.png"和"img_3.png"文件插入该单元格中，效果如图3-5所示。

图3-4

图3-5

（3）选择"窗口＞CSS样式"命令，弹出"CSS样式"面板。单击面板下方的"新建CSS规则"按钮，在弹出的"新建CSS规则"对话框中进行设置，如图3-6所示。单击"确定"按钮，弹出".pic的CSS规则定义"对话框，在左侧的"分类"列表中选择"方框"选项，取消选择"Margin"选项组中的"全部相同"复选框，将"Right"和"Left"选项均设为15，如图3-7所示，单击"确定"按钮，完成样式的创建。

图3-6

图3-7

（4）选中图3-8所示的图片，在"属性"面板"类"选项的下拉列表中选择"pic"选项，应用样式，效果如图3-9所示。

图3-8

图3-9

（5）保存文档，按F12键预览效果，如图3-10所示。

图3-10

3.1.2　网页中的图像格式

网页中使用的图像文件通常有JPEG、GIF、PNG 3种格式，但大多数浏览器只支持JPEG、GIF两种图像格式。因为要保证浏览者下载网页的速度，所以网站设计者也常使用JPEG和GIF这两种压缩格式的图像。

1.　GIF文件

GIF文件是网络中常见的图像格式，具有如下特点。

（1）最多可以显示256种颜色。因此，它非常适合显示色调不连续或具有大面积单一颜色的图像，如导航条、按钮、图标、徽标或其他具有统一色彩和色调的图像。

（2）使用无损压缩方案，图像在压缩后不会有细节的损失。

（3）支持透明的背景，可以创建带有透明区域的图像。

（4）是交织文件格式，在浏览器完成图像下载之前，浏览者即可看到该图像。

（5）图像格式的通用性好，几乎所有的浏览器都支持此图像格式，并且有许多免费软件支持GIF图像文件的编辑。

2. JPEG文件

JPEG文件是一种采用了"有损耗"压缩方式的图像格式，具有如下特点。

（1）具有丰富的色彩，最多可以显示1670万种颜色。

（2）使用有损压缩方案，图像在压缩后会有细节的损失。

（3）JPEG格式的图像比GIF格式的图像小，下载速度更快。

（4）图像边缘的细节损失严重，所以不适合包含鲜明对比的图像或文本的图像。

3. PNG文件

PNG文件是专门为网络而准备的图像格式，具有如下特点。

（1）使用新型的无损压缩方案，图像在压缩后不会有细节的损失。

（2）具有丰富的色彩，最多可以显示1670万种颜色。

（3）图像格式的通用性差。IE 4.0或更高版本和 Netscape 4.04或更高版本的浏览器都只能部分支持PNG图像的显示。因此，只有在为特定的目标用户进行设计时，才使用PNG格式的图像。

3.1.3 插入图像

要在Dreamweaver CS6文档中插入的图像必须位于当前站点文件夹内或远程站点文件夹内，否则图像不能正确显示，所以在建立站点时，网站设计者常先创建一个名为"image"的文件夹，并将需要的图像复制到其中。

在网页中插入图像的具体操作步骤如下。

（1）在文档窗口中，将插入点放置在要插入图像的位置。

（2）通过以下3种方法启用"图像"命令，

弹出"选择图像源文件"对话框，如图3-11所示。

图3-11

① 选择"插入"面板中的"常用"选项卡，单击"图像"展开式工具按钮 上的黑色三角形，在下拉菜单中选择"图像"选项。

② 选择"插入 > 图像"命令。

③ 按Ctrl+Alt+I组合键。

（3）在对话框中，选择图像文件，单击"确定"按钮完成设置。

3.1.4 设置图像属性

插入图像后，在"属性"面板中显示该图像的属性，如图3-12所示。下面介绍各选项的含义。

图3-12

"宽"和"高"选项：以像素为单位指定图像的宽度和高度。这样做虽然可以缩放图像的显示大小，但不会缩短下载时间，因为浏览器在缩放图像前会下载所有图像数据。

"图像ID"选项：指定图像的ID名称。

"源文件"选项：指定图像的源文件。

"链接"选项：指定单击图像时要显示的网页文件。

"替换"选项：指定文本，在浏览器设置为手动下载图像前，用它来替换图像的显示。在某些浏览器中，当鼠标指针滑过图像时也会显示替代文本。

"编辑"按钮组：编辑图像文件，包括编辑、设置、从源文件更新、裁剪、重新取样、亮度和对比度、锐化功能。

"地图"和"热点工具"选项：用于设置图像的热点链接。

"目标"选项：指定链接页面应该在其中载入的框架或窗口，详细参数可见链接一章。

"原始"选项：为了节省浏览者浏览网页的时间，可通过此选项指定在载入主图像之前可快速载入的低品质图像。

3.1.5 给图片添加文字说明

当图片不能在浏览器中正常显示时，网页中图片的位置就变成空白区域，如图3-13所示。

图3-13

为了让浏览者在不能正常显示图片时也能了解图片的信息，常为网页的图像设置"替换"属性，将图片的说明文字输入"替换"文本框中，如图3-14所示。当图片不能正常显示时，网页中的效果如图3-15所示。

图3-14

图3-15

3.1.6 跟踪图像

在工程设计过程中，一般先在图像处理软件中勾画出工程蓝图，然后在此基础上反复修改，最终得到一幅完美的设计图。制作网页时也应采用工程设计的方法，先在图像处理软件中绘制网页的蓝图，将其添加到网页的背景中，按设计方案对号入座，等网页制作完毕后，再将蓝图删除。Dreamweaver CS6利用"跟踪图像"功能来实现上述网页设计的方式。

设置网页蓝图的具体操作步骤如下。

（1）在图像处理软件中绘制网页的设计蓝图，如图3-16所示。

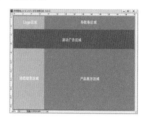

图3-16

（2）选择"文件 > 新建"命令，新建文档。

（3）选择"修改 > 页面属性"命令，弹出"页面属性"对话框，在左侧的"分类"列表中选择"跟踪图像"选项，转换到"跟踪图像"对话框。

（4）单击"跟踪图像"选项右侧的"浏览"按钮，在弹出的"选择图像源文件"对话框中找到步骤（1）中设计蓝图的保存路径，如图3-17所示，单击"确定"按钮，返回到"页面属性"对话框。

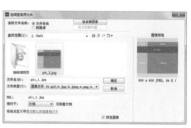

图3-17

（5）在"页面属性"对话框中调节"透明度"选项的滑块，使图像呈半透明状态，如图3-18所示，单击"确定"按钮完成设置，效果如图3-19所示。

图3-18

图3-19

3.2 多媒体在网页中的应用

在网页中除了使用文本和图像元素表达信息外，用户还可以向其中插入Flash动画、Java Applet小程序、ActiveX控件等多媒体，以丰富网页的内容。虽然这些多媒体对象能够使网页更加丰富多彩，吸引更多的浏览者，但是有时必须以牺牲浏览速度和兼容性为代价。所以，网站为了保证浏览者的浏览速度，一般不会大量运用多媒体元素。

命令介绍

插入Flash动画：Dreamweaver CS6提供了使用Flash对象的功能，虽然Flash中使用的文件类型有Flash 源文件（.fla）、Flash SWF文件（.swf）、Flash 模板文件（.swt），但Dreamweaver CS6只支持Flash SWF（.swf）文件，因为它是Flash源文件（.fla）的压缩版本，已进行了优化，便于在Web上查看。

插入Flash文本：Flash文本是指只包含文本的 Flash 影片。Flash 文本是用户利用自己选择的设计字体创建的较小的矢量图形影片。

3.2.1 课堂案例——准妈妈课堂网页

【案例学习目标】使用"插入"面板"媒体"选项卡插入Flash动画，使网页变得生动有趣。

【案例知识要点】使用"Flash SWF"按钮，为网页文档插入Flash动画效果；使用"播放"按钮在文档窗口中预览效果，如图3-20所示。

【效果所在位置】Ch03/效果/准妈妈课堂网页/index.html。

图3-20

（1）选择"文件 > 打开"命令，在弹出的"打开"对话框中，选择本书学习资源中的"Ch03 > 素材 > 准妈妈课堂网页 > index.html"文件，单击"打开"按钮打开文件，如图3-21所示。将光标置入图3-22所示的单元格中。

图3-21

图3-22

（2）单击"插入"面板"常用"选项卡中的"SWF"按钮 ，在弹出的"选择SWF"对话框中，选择本书学习资源中的"Ch03 > 素材 > 准妈妈课堂网页 > images > DH.swf"文件，如图3-23所示。单击"确定"按钮，弹出"对象标签辅助功能属性"对话框，如图3-24所示，这里不需要设置，直接单击"确定"按钮，完成动画的插入即可，效果如图3-25所示。

图3-23

图3-24

图3-25

（3）选中插入的Flash动画，单击"属性"面板中的"播放"按钮 ，在文档窗口中预览效果，如图3-26所示。可以单击"属性"面板中的"停止"按钮 ，停止播放动画。

图3-26

（4）保存文档，按F12键预览效果，如图3-27所示。

图3-27

3.2.2 插入Flash动画

在网页中插入Flash动画的具体操作步骤如下。

（1）在文档窗口的"设计"视图中，将插入点放置在想要插入影片的位置。

（2）通过以下3种方法启用"Flash"命令。

① 单击"插入"面板"常用"选项卡中的"媒体"展开式按钮 ，选择"SWF"选项 。

② 选择"插入 > 媒体 > SWF"命令。

③ 按Ctrl+Alt+F组合键。

（3）弹出"选择SWF"对话框，选择一个后缀为".swf"的文件，如图3-28所示，单击"确定"按钮完成设置。此时，Flash占位符出现在文档窗口中，如图3-29所示。

图3-28

图3-29

（4）选中文档窗口中的Flash对象，在"属性"面板中单击"播放"按钮 ▶ 播放 ，测试播放效果。

3.2.3 插入FLV

在网页中可以轻松添加FLV视频，而无须使用Flash创作工具，但在操作之前必须有一个经过编码的 FLV 文件。使用Dreamweaver插入一个显示FLV文件的SWF组件，当在浏览器中查看时，此组件显示所选的FLV文件以及一组播放控件。

Dreamweaver 提供了以下选项，用于将FLV视频传送给站点访问者。

"累进式下载视频"选项：将FLV文件下载到站点访问者的硬盘上，然后进行播放。但是，与传统的"下载并播放"视频传送方法不同，累进式下载允许在下载完成之前就开始播放视频文件。

"流视频"选项：对视频内容进行流式处理，并在一段很短的可确保流畅播放的缓冲时间后在网页上播放该内容。若要在网页上启用流视

频，必须具有访问Adobe® Flash® Media Server的权限，还要有一个经过编码的 FLV 文件，然后才能在Dreamweaver中使用它。可以插入使用Sorenson Squeeze 和 On2这两种编解码器（压缩/解压缩技术）创建的视频文件。

与常规SWF文件一样，在插入FLV文件时，Dreamweaver将插入检测用户是否拥有可查看视频的正确Flash Player版本的代码。如果用户没有正确的版本，则页面将显示替代内容，提示用户下载最新版本的Flash Player。

🔍 提示

若要查看 FLV 文件，用户的计算机上必须安装 Flash Player 8 或更高版本。如果用户没有安装所需的 Flash Player 版本，但安装了 Flash Player 6.0或更高版本，则浏览器将显示 Flash Player 快速安装程序，而非替代内容。如果用户拒绝快速安装，则页面会显示替代内容。

插入FLV对象的具体操作步骤如下。

（1）在文档窗口的"设计"视图中，将插入点放置在想要插入FLV的位置。

（2）通过以下两种方法，弹出"插入FLV"对话框，如图3-30所示。

图3-30

① 单击"插入"面板"常用"选项卡中的"媒体"展开式按钮 ，选择"媒体：FLV"选项 。

② 选择"插入 > 媒体 > FLV"命令。

设置累进式下载视频的选项作用如下。

"URL"选项：指定FLV文件的相对路径或绝对路径。若要指定相对路径（例如，mypath/myvideo.flv），则单击"浏览"按钮，导航到FLV文件并将其选定。若要指定绝对路径，则输入FLV文件的URL（例如，http:// www.ptpress.com.cn）。

"外观"选项：指定视频组件的外观。所选外观的预览会显示在"外观"弹出菜单的下方。

"宽度"选项：以像素为单位指定FLV文件的宽度。若要让Dreamweaver确定FLV文件的准确宽度，则单击"检测大小"按钮。如果Dreamweaver无法确定宽度，则必须输入宽度值。

"高度"选项：以像素为单位指定FLV文件的高度。若要让Dreamweaver确定FLV文件的准确高度，则单击"检测大小"按钮。如果Dreamweaver无法确定高度，则必须输入高度值。

🔎 提示

"包括外观"是 FLV 文件的宽度和高度与所选外观的宽度和高度相加得出的和。

"限制高宽比"复选框：保持视频组件的宽度和高度之间的比例不变。默认情况下会选择此选项。

"自动播放"复选框：指定在页面打开时是否播放视频。

"自动重新播放"复选框：指定播放控件在视频播放完之后是否返回起始位置。

设置流视频的选项作用如下。

"服务器URI"选项：以rtmp://www.example.com/app_name/instance_name的形式指定服务器名称、应用程序名称和实例名称。

"流名称"选项：指定想要播放的FLV文件的名称（如myvideo.flv）。扩展名.flv是可选的。

"实时视频输入"复选框：指定视频内容是否是实时的。如果选择了"实时视频输入"，则

Flash Player 将播放从Flash® Media Server流入的实时视频流。实时视频输入的名称是在"流名称"文本框中指定的名称。

🔎 提示

如果选择了"实时视频输入"，组件的外观上只会显示音量控件，因为您无法操纵实时视频。此外，"自动播放"和"自动重新播放"选项也不起作用。

"缓冲时间"选项：指定在视频开始播放之前进行缓冲处理所需的时间（以秒为单位）。默认的缓冲时间设置为0，这样在单击"播放"按钮后视频会立即开始播放（如果选择"自动播放"，则在建立与服务器的连接后视频立即开始播放）。如果要发送的视频的比特率高于站点访问者的连接速度，或者Internet通信可能会导致带宽或连接问题，则可能需要设置缓冲时间。例如，如果要在网页播放视频之前将15s的视频发送到网页，请将缓冲时间设置为15。

（3）在对话框中根据需要进行设置。单击"确定"按钮，将FLV插入文档窗口中，此时，FLV占位符出现在文档窗口中，如图3-31所示。

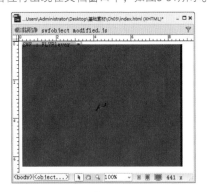

图3-31

3.2.4　插入Shockwave影片

Shockwave是Web上用于交互式多媒体的Macromedia 标准，是一种经过压缩的格式，能使在 Macromedia Director 中创建的多媒体文件被

快速下载，而且可以在大多数常用浏览器中进行播放。

在网页中插入Shockwave影片的具体操作步骤如下。

（1）在文档窗口的"设计"视图中，将插入点放置在想要插入Shockwave影片的位置。

（2）通过以下两种方法启用"Shockwave"命令。

① 单击"插入"面板"常用"选项卡中的"媒体"展开式工具按钮，选择"Shockwave"选项。

② 选择"插入 > 媒体 > Shockwave"命令。

（3）在弹出的"选择文件"对话框中选择一个影片文件，如图3-32所示，单击"确定"按钮完成设置。此时，Shockwave影片的占位符出现在文档窗口中，选择文档窗口中的Shockwave影片占位符，在"属性"面板中修改"宽"和"高"的值，来设置影片的宽度和高度。保存文档，按F12键预览效果，如图3-33所示。

图3-32

📝 **课堂练习——咖啡馆网页**

【练习知识要点】使用"图像"按钮，插入介绍性图片，如图3-34所示。

【素材所在位置】Ch03/素材/咖啡馆网页/images。

【效果所在位置】Ch03/效果/咖啡馆网页/index.html。

图3-33

3.2.5 插入ActiveX控件

ActiveX 控件，也称OLE控件。它是可以充当浏览器插件的可重复使用的组件，有些像微型的应用程序。ActiveX控件只在Windows系统上的Internet Explorer中运行。Dreamweaver CS6中的ActiveX对象可为浏览者的浏览器中的 ActiveX 控件提供属性和参数。

在网页中插入ActiveX 控件的具体操作步骤如下。

（1）在文档窗口的"设计"视图中，将插入点放置在想要插入ActiveX 控件的位置。

（2）通过以下两种方法启用"ActiveX"命令，插入ActiveX 控件。

① 单击"插入"面板"常用"选项卡中的"媒体"展开式工具按钮，选择"ActiveX"选项。

② 选择"插入 > 媒体 > ActiveX"命令。

（3）选中文档窗口中的ActiveX 控件，在"属性"面板中，单击"播放"按钮 播放 测试效果。

图3-34

【习题知识要点】使用"Flash SWF"按钮，插入Flash动画效果，如图3-35所示。

【素材所在位置】Ch03/素材/房源网页/images。

【效果所在位置】Ch03/效果/房源网页/index.html。

图3-35

第 *4* 章

超链接

本章介绍

　　网络中的每个网页都是通过超链接的形式关联在一起的，超链接是
网页中非常重要、非常根本的元素之一。浏览者可以用鼠标单击网页中
的某个元素，轻松地实现网页之间的转换或下载文件、收发邮件等。
要实现超链接，还要了解链接路径的知识。本章将对超链接进行具体的
讲解。

学习目标

◆ 了解超链接的概念与路径知识。

◆ 掌握文本超链接、电子邮件超链接、下载文件链接的创建方法。

◆ 掌握图片链接、鼠标经过图像链接的创建方法。

◆ 熟悉锚点链接、热点链接的创建方法。

技能目标

◆ 熟练掌握"创意设计网页"的制作方法。

◆ 熟练掌握"温泉度假网页"的制作方法。

◆ 熟练掌握"金融投资网页"的制作方法。

◆ 熟练掌握"建筑规划网页"的制作方法。

4.1 超链接的概念与路径知识

超链接的主要作用是将物理上无序的内容组成一个有机的统一体。超链接对象上存放着某个网页文件的地址，以便用户打开相应的网页文件。在浏览网页时，当用户将鼠标指针移到文字或图像上时，鼠标指针会改变形状或颜色，这就是在提示用户：此对象为链接对象。用户只需单击这些链接对象，就可完成打开链接的网页、下载文件、打开邮件工具收发邮件等操作。

4.2 文本超链接

文本超链接是以文本为链接对象的一种常用的链接方式。作为链接对象的文本带有标志性，它标志链接网页的主要内容或主题。

命令介绍

创建文本链接：为选中的文字创建超链接。

文本链接的状态：设置超链接文字的显示状态。

4.2.1 课堂案例——创意设计网页

【**案例学习目标**】使用"插入"面板中的"常用"选项卡制作电子邮件链接效果。使用"属性"面板为文字制作下载文件链接效果。

【**案例知识要点**】使用"电子邮件链接"命令，制作电子邮件链接效果；使用"浏览文件"按钮，为文字制作下载文件链接效果，如图4-1所示。

【**效果所在位置**】Ch04/效果/创意设计网页/index.html。

图4-1

1. 制作电子邮件链接

（1）选择"文件 > 打开"命令，在弹出的"打开"对话框中，选择本书学习资源中的"Ch04 > 素材 > 创意设计网页 > index.html"文件，单击"打开"按钮打开文件，如图4-2所示。选中文字"xjg_peng@163.com"，如图4-3所示。

图4-2

图4-3

（2）单击"插入"面板"常用"选项卡中的"电子邮件链接"按钮，在弹出的"电子邮件链接"对话框中进行设置，如图4-4所示。单击"确定"按钮，文字的下方出现下划线，如图4-5所示。

图4-4

图4-5

（3）选择"修改 > 页面属性"命令，弹出"页面属性"对话框，在左侧的"分类"列表中选择"链接"选项，将"链接颜色"和"已访问链接"选项均设为红色（#F00），"交换图像链接"和"活动链接"选项均设为白色，在"下划线样式"选项的下拉列表中选择"始终有下划线"，如图4-6所示。单击"确定"按钮，文字效果如图4-7所示。

图4-6

图4-7

2. 制作下载文件链接

（1）选中文字"下载主题"，如图4-8所示。在"属性"面板中单击"链接"选项右侧的"浏览文件"按钮📁，弹出"选择文件"对话框，选择本书学习资源中的"Ch04 > 素材 > 创意

设计网页 >images"文件夹中的"Tpl.zip"文件，如图4-9所示。单击"确定"按钮，将"Tpl.zip"文件链接到文本框中，在"目标"选项的下拉列表中选择"_blank"选项，如图4-10所示。

图4-8

图4-9

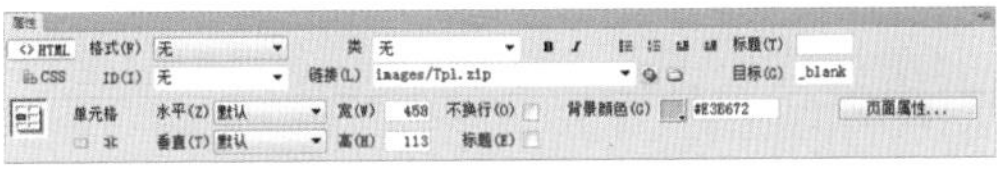

图4-10

（2）保存文档，按F12键预览效果。单击"xjg_peng@163.com"，将弹出链接的E-mail窗口，效果如图4-11所示。单击"下载主题"，将弹出窗口，在窗口中可以根据提示进行操作，如图4-12所示。

图4-11

图4-12

4.2.2　创建文本链接

创建文本链接的方法非常简单，主要是在链接文本的"属性"面板中指定链接文件。指定链接文件的方法有3种。

1. 直接输入要链接文件的路径和文件名

在文档窗口中选中作为链接对象的文本，选择"窗口 > 属性"命令，弹出"属性"面板。在"链接"选项的文本框中直接输入要链接文件的路径和文件名，如图4-13所示。

图4-13

🔍 提 示

要链接到本地站点中的一个文件，直接输入文档相对路径或站点根目录相对路径；要链接到本地站点以外的文件，则直接输入绝对路径。

2. 使用"浏览文件"按钮

在文档窗口中选中作为链接对象的文本，在"属性"面板中单击"链接"选项右侧的"浏览文件"按钮，弹出"选择文件"对话框。选择要链接的文件，在"相对于"选项的下拉列表中选择"文档"选项，如图4-14所示，单击"确定"按钮。

图4-14

🔍 提 示

在"相对于"选项的下拉列表中有两个选项。选择"文档"选项，表示使用文档相对路径来链接；选择"站点根目录"选项，表示使用站点根目录相对路径来链接。在"URL"选项的文本框中，可以直接输入网页的绝对路径。

🔍 技 巧

一般要链接本地站点中的一个文件时，建议不要使用绝对路径，因为如果移动文件，文件内所有的绝对路径都将被打断，就会造成链接错误。

3. 使用指向文件图标

使用"指向文件"图标⊕，可以快捷地指定站点窗口内的链接文件，或指定另一个打开文件中命名锚点的链接。

在文档窗口中选中作为链接对象的文本，在"属性"面板中，拖曳"指向文件"图标⊕指向右侧站点窗口内的文件，如图4-15所示。松开鼠标左键，"链接"选项被更新并显示出所建立的链接。

图4-15

当完成链接文件后，"属性"面板中的"目标"选项变为可用，其下拉列表中各选项的作用如下。

"_blank"选项：将链接文件加载到未命名的新浏览器窗口中。

"new"选项：将链接文件加载到名为"链接文件名称"的浏览器窗口中。

"_parent"选项：将链接文件加载到包含该链接的父框架集或窗口中。如果包含链接的框架不是嵌套的，则链接文件加载到整个浏览器窗口中。

"_self"选项：将链接文件加载到链接所在的同一框架或窗口中。此目标是默认的，因此通常不需要指定它。

"_top"选项：将链接文件加载到整个浏览器窗口中，并由此删除所有框架。

4.2.3 文本链接的状态

一个未被访问过的链接文字与一个被访问过的链接文字在形式上是有所区别的，以提示浏览者链接文字所指示的网页是否被看过。下面讲解设置文本链接状态的方法，具体操作步骤如下。

（1）选择"修改 > 页面属性"命令，弹出"页面属性"对话框，如图4-16所示。

（2）在对话框中设置文本的链接状态。选择"分类"列表中的"链接"选项，单击"链接颜色"选项右侧的图标█，打开调色板，选择一种颜色，来设置链接文字的颜色。

单击"变换图像链接"选项右侧的图标█，打开调色板，选择一种颜色，来设置鼠标经过链接时的文字颜色。

单击"已访问链接"选项右侧的图标█，打开调色板，选择一种颜色，来设置访问过的链接文字的颜色。

单击"活动链接"选项右侧的图标█，打开调色板，选择一种颜色，来设置活动的链接文字的颜色。

在"下划线样式"选项的下拉列表中设置链接文字是否加下划线，如图4-17所示。

图4-16

图4-17

4.2.4 下载文件链接

浏览网站的目的往往是查找并下载资料，下载文件可利用下载文件链接来实现。建立下载文件链接的步骤同创建文字链接一样，区别在于所链接的文件不是网页文件而是其他文件，如.exe、.zip等文件。

建立下载文件链接的具体操作步骤如下。

（1）在文档窗口中选择需添加下载文件链接的网页对象。

（2）在"链接"选项的文本框中指定链接文件，详细内容参见4.2.2节。

（3）按F12键预览网页。

4.2.5 电子邮件链接

网页只能作为单向的传播工具，将网站的信息传给浏览者，如果网站建立者想要接收使用者的反馈信息，一种有效的方式便是让浏览者给网站发送E-mail。在网页制作中使用电子邮件超链接就可以实现这一点。

每当浏览者单击包含电子邮件超链接的网页对象时，就会打开邮件处理工具（如微软的OutlookExpress），并且收信人地址已自动设为网站建设者的邮箱地址，方便浏览者给网站发送反馈信息。

1．利用"属性"面板建立电子邮件超链接

（1）在文档窗口中选择对象，一般是文字，如"请联系我们"。

（2）在"链接"选项的文本框中输入"mailto：+地址"。例如，网站管理者的E-mail地址是"xjg_peng@163.com"，则在"链接"选项的文本框中输入"mailto:xjg_peng@163.com"，如图4-18所示。

图4-18

2．利用"电子邮件链接"对话框建立电子邮件超链接

（1）在文档窗口中选择需要添加电子邮件链接的网页对象。

（2）通过以下两种方法打开"电子邮件链接"对话框。

① 选择"插入 > 电子邮件链接"命令。

② 单击"插入"面板"常用"选项卡中的"电子邮件链接"按钮 。

在"文本"选项的文本框中输入要在网页中显示的链接文字，并在"电子邮件"选项的文本框中输入完整的邮箱地址，如图4-19所示。

图4-19

（3）单击"确定"按钮，完成电子邮件链接的创建。

4.3　图像超链接

所谓图像超链接就是以图像作为链接对象的超链接。当用户单击该图像时会打开链接网页或文档。

命令介绍

鼠标经过图像链接：创建鼠标经过图像时变为另一张图像的效果。

图像超链接：所谓图像超链接就是以图像作为链接对象的超链接。当用户单击该图像时会打开链接网页或文档。

4.3.1　课堂案例——温泉度假网页

【**案例学习目标**】使用"插入"面板"常用"选项卡，为网页添加导航效果；使用"属性"面板，制作超链接效果。

【**案例知识要点**】使用"鼠标经过图像"按钮，为网页添加导航效果；使用"链接"选项，制作超链接效果，如图4-20所示。

【**效果所在位置**】Ch04/效果/温泉度假网页/index.html。

图4-20

1. 为网页添加导航

（1）选择"文件 > 打开"命令，在弹出的"打开"对话框中，选择本书学习资源中的"Ch04 > 素材 > 温泉度假网页 > index.html"文件，单击"打开"按钮打开文件，如图4-21所示。将光标置入图4-22所示的单元格中。

图4-21

图4-22

（2）单击"插入"面板"常用"选项卡中的"鼠标经过图像"按钮 ，弹出"插入鼠标经过图像"对话框。单击"原始图像"选项右侧的"浏览"按钮，弹出"原始图像"对话框，选择本书学习资源中的"Ch04 > 素材 > 温泉度假网页 > images"文件夹中的图片"an_1a.png"，单击"确定"按钮，返回到"插入鼠标经过图像"对话框，如图4-23所示。

图4-23

（3）单击"鼠标经过图像"选项右侧的"浏览"按钮，弹出"鼠标经过图像"对话框，选择本书学习资源中的"Ch04 > 素材 > 温泉度假网页 > images"文件夹中"an_1b.jpg"文件，单击

"确定"按钮，返回到"插入鼠标经过图像"对话框，如图4-24所示。单击"确定"按钮，文档效果如图4-25所示。

图4-24

图4-25

（4）用相同的方法制作出如图4-26所示的效果。

图4-26

2. 为图片添加链接

（1）选中图片"联系我们"，如图4-27所示。在"属性"面板"链接"选项右侧的文本框中输入邮件地址"mailto:xjg_peng@163.com"，在"目标"选项的下拉列表中选择"_blank"选项，如图4-28所示。

图4-27

图4-28

（2）保存文档，按F12键预览效果，如图4-29所示。把鼠标指针移动到菜单上时，图像发生变化，效果如图4-30所示。

（3）单击"联系我们"图片，效果如图4-31所示。

图4-29

图4-30

图4-31

4.3.2 图像超链接

建立图像超链接的操作步骤如下。

（1）在文档窗口中选择图像。

（2）在"属性"面板中，单击"链接"选项右侧的"浏览文件"按钮 ，为图像添加文档相对路径的链接。

（3）在"替代"选项中可输入替代文字。设置替代文字后，当图片不能下载时，会在图片的位置上显示替代文字；当浏览者将鼠标指针指向图像时也会显示替代文字。

（4）按F12键预览网页的效果。

提示

图像链接不像文本超链接那样，会发生许多提示性的变化，只有当鼠标指针经过图像时指针才呈现手形。

4.3.3 鼠标经过图像链接

"鼠标经过图像"是一种常用的互动技术，当鼠标指针经过图像时，图像会随之发生变化。一般，"鼠标经过图像"效果由两张大小相等的图像组成，一张称为主图像，另一张称为次图像。主图像是首次载入网页时显示的图像，次图像是当鼠标指针经过时更换的另一张图像。"鼠标经过图像"经常应用于网页中的按钮上。

建立"鼠标经过图像"的具体操作步骤如下。

（1）在文档窗口中将光标放置在需要添加图像的位置。

（2）通过以下两种方法弹出"插入鼠标经过图像"对话框，如图4-32所示。

图4-32

① 选择"插入 > 图像对象 > 鼠标经过图像"命令。

② 单击"插入"面板"常用"选项卡中的"图像"展开式工具按钮 ，选择"鼠标经过图像"选项 。

"插入鼠标经过图像"对话框中各选项的作用如下。

"图像名称"选项：设置鼠标指针经过图像对象时显示的名称。

"原始图像"选项：设置载入网页时显示的图像文件的路径。

"鼠标经过图像"选项：设置在鼠标指针滑

过原始图像时显示的图像文件的路径。

"预载鼠标经过图像"选项：若希望图像预先载入浏览器的缓存中，以便用户将鼠标指针滑过图像时不发生延迟，则选择此复选框。

"替换文本"选项：设置替换文本的内容。设置后，在浏览器中当图片不能下载时，会在图

片位置上显示替代文字；当浏览者将鼠标指针指向图像时会显示替代文字。

"按下时，前往的URL"选项：设置跳转网页文件的路径，当浏览者单击图像时打开此网页。

（3）在对话框中按照需要设置选项，然后单击"确定"按钮完成设置。按F12键预览网页。

4.4 命名锚点超链接

锚点也叫书签，顾名思义，就是在网页中做标记。设置锚点链接后，想要在网页中查找特定主题的内容时，只需快速定位到相应的标记（锚点）处即可。因此，建立锚点链接要分两步实现。首先要在网页的不同主题内容处定义不同的锚点，然后在网页的开始处建立主题导航，并为不同主题导航建立定位到相应主题处的锚点链接。

命令介绍

命名锚点链接：可以跳转到当前页面中指定的位置或另一页面中指定的位置。

4.4.1 课堂案例——金融投资网页

【案例学习目标】使用"锚点"链接制作从文档底部移动到顶部的效果。

【案例知识要点】使用"命名锚记"按钮，插入锚点制作文档底部移动到顶部的效果，如图4-33所示。

【效果所在位置】Ch04/效果/金融投资网页/index.html。

图4-33

1. 制作从文档底部移动到顶部的锚点链接

（1）选择"文件 > 打开"命令，在弹出的"打开"对话框中，选择本书学习资源中的"Ch04 > 素材 > 金融投资网页 > index.html"文件，单击"打开"按钮打开文件，如图4-34所示。将光标置于图4-35所示的单元格中。

图4-34

图4-35

（2）单击"插入"面板"常用"选项卡中的"图像"按钮 🖾，在弹出的"选择图像源文件"

对话框中，选择本书学习资源中的"Ch04 > 素材 > 金融投资网页 > images"文件夹中的"top.jpg"文件，单击"确定"按钮完成图片的插入，效果如图4-36所示。

（3）在要插入锚点链接的部分置入光标，如图4-37所示。单击"插入"面板"常用"选项卡中的"命名锚记"按钮，在弹出的"命名锚记"对话框中进行设置，如图4-38所示，单击"确定"按钮，在光标所在的位置插入一个锚记，如图4-39所示。

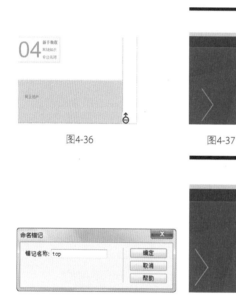

图4-36　　　　　　　图4-37

图4-38　　　　　　　图4-39

（4）选中图4-40所示的图片，在"属性"面板"链接"选项的文本框中输入"#top"，如图4-41所示。

图4-40　　　　　　　图4-41

（5）保存文档，按F12键预览效果，单击底部图像，如图4-42所示，网页文档的底部瞬间移动到插入锚点的顶部，如图4-43所示。

图4-42

图4-43

2. 使用锚点移至其他网页的指定位置

（1）选择"文件 > 打开"命令，在弹出的"打开"对话框中，选择本书学习资源中的"Ch04 > 素材 > 金融投资网页 > ziye.html"文件，单击"打开"按钮打开文件，如图4-44所示。在要插入锚点的位置置入光标，如图4-45所示。

图4-44

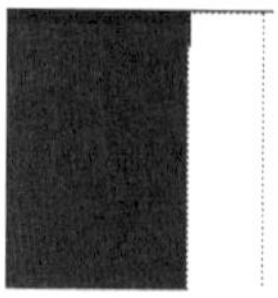

图4-45

（2）单击"插入"面板"常用"选项卡中的"命名锚记"按钮，在弹出的"命名锚记"对话框中进行设置，如图4-46所示，单击"确定"按钮，在光标所在的位置插入一个锚记，如图4-47所示。

图4-46

图4-47

（3）选择"文件 > 保存"命令，将文档保存。切换到"index.html"文档窗口中，如图4-48所示。选中图4-49所示的图片。

图4-48

图4-49

（4）在"属性"面板"链接"选项的对话框中输入"ziye.html#top2"，如图4-50所示。

图4-50

（5）保存文档，按F12键预览效果，单击网页底部的图像，如图4-51所示，页面将自动跳转到"ziye.html"并移动到插入锚点的部分，如图4-52所示。

图4-51

图4-52

4.4.2 命名锚点链接

若网页的内容很长，为了寻找一个主题，浏览者往往需要拖曳滚动条进行查看，非常不方便。Dreamweaver CS6提供了锚点链接功能，可帮助浏览者快速定位到网页的不同位置。

1. 创建锚点

（1）打开要加入锚点的网页。

（2）将光标移到某一个主题内容处。

（3）通过以下3种方法弹出"命名锚记"对话框，如图4-53所示。

①按Ctrl＋Alt＋A组合键。

②选择"插入 > 命名锚记"命令。

③单击"插入"面板"常用"选项卡中的"命名锚记"按钮 。

在"锚记名称"选项的文本框中输入锚记名称，如"JJ"，然后单击"确定"按钮建立锚点标记。

（4）根据需要重复步骤（1）～（3），在不同的主题内容处建立不同的锚点标记，如图4-54所示。

图4-53

图4-54

🔍 提示

选择"查看 > 可视化助理 > 不可见元素"命令，可在文档窗口中显示出锚点标记。

2. 建立锚点链接

（1）在网页的开始处，选择链接对象，如某主题文字。

（2）通过以下3种方法建立锚点链接。

① 在"属性"面板的"链接"选项中直接输入"#锚记名称"，如"#JJ"。

② 在"属性"面板中，用鼠标拖曳"链接"选项右侧的"指向文件"图标⊕，指向需要链接的锚点标记，如图4-55所示。

③ 在"文档"窗口中，选中链接对象，按

住Shift键的同时将鼠标指针从链接对象拖曳到锚点标记，如图4-56所示。

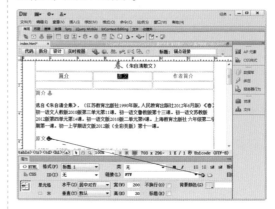

图4-55

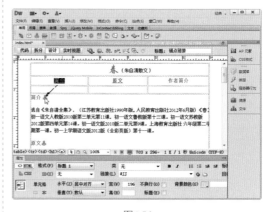

图4-56

（3）根据需要重复步骤（1）～（2），在网页开始处为不同的主题建立相应的锚点链接。

4.5 热点链接

前面介绍的图片链接是指一张图只能对应一个链接，但有时需要在图上创建多个链接去打开不同的网页，Dreamweaver CS6为网站设计者提供的热点链接功能，就能解决这个问题。

命令介绍

创建热点链接：热点链接就是在一个图片中设定多个链接。在互联网上浏览网页时，可以看到一个图像的各个部分链接到了不同关联网页的情况。通过设定热点链接，可以在单击图像的一

部分时跳转到所链接的网页文档或网站。

4.5.1 课堂案例——建筑规划网页

【案例学习目标】使用"热点"制作图像链接效果。

【案例知识要点】使用"热点"按钮，为图像添加热点图形；使用"属性"面板，为热点创建超链接，如图4-57所示。

【效果所在位置】Ch04/效果/建筑规划网页/index.html。

图4-57

（1）选择"文件 > 打开"命令，在弹出的"打开"对话框中，选择本书学习资源中的"Ch04 > 素材 > 建筑规划网页 > index.html"文件，单击"打开"按钮打开文件，如图4-58所示。选中图4-59所示的图像。

图4-58

图4-59

（2）在"属性"面板中选择"矩形热点"工具□，在文档窗口中绘制矩形热点，如图4-60所示。在"属性"面板"链接"选项的文本框中输入"ziye.html"，在"目标"选项的下拉列表中选择"_blank"选项，在"替换"选项的文本框中输入"建筑规划"，如图4-61所示。

图4-60

图4-61

（3）保存文档，按F12键预览效果，将鼠标指针放置在热点图形上，鼠标指针的右下角出现提示文字，如图4-62所示。单击热点可以跳转到指定的链接页面，效果如图4-63所示。

图4-62

图4-63

4.5.2 创建热区链接

创建热区链接的具体操作步骤如下。

（1）选取一张图片，在"属性"面板的
"地图"选项下方选择热区创建工具，如图4-64
所示。

图4-64

各工具的作用如下。

"指针热点工具"按钮 ：用于选择不同的
热区。

"矩形热点工具"按钮 ：用于创建矩形
热区。

"圆形热点工具"按钮 ：用于创建圆形
热区。

"多边形热点工具"按钮 ：用于创建多边
形热区。

（2）利用"矩形热点工具""圆形热点工
具""多边形热点工具""指针热点工具"在图
片上建立或选择相应形状的热区。

将鼠标指针放在图片上，当鼠标指针变为
"+"形状时，在图片上拖曳出相应形状的蓝色
热区。如果图片上有多个热区，可通过"指针

热点"工具 ，选择不同的热区，并通过热区
的控制点调整热区的大小。例如，利用"矩形
热点"工具 ，在图4-65上建立多个矩形链接
热区。

（3）此时，对应的"属性"面板如图4-66
所示。在"链接"选项的文本框中输入要链接
的网页地址，在"替换"选项的文本框中输入
当鼠标指针指向热区时所显示的替换文字。通
过热区，用户可以在图片的任何地方做链接。
反复操作，就可以在一张图片上划分很多热
区，并为每一个热区设置一个链接，从而实现
在一张图片的不同位置单击鼠标左键链接到不
同页面的效果。

图4-65

图4-66

（4）按F12键预览网页，效果如图4-67所示。

图4-67

课堂练习——建筑模型网页

【练习知识要点】使用"电子邮件链接"按钮,制作电子邮件链接效果;使用"属性"面板,为文字制作下载链接效果;使用"页面属性"命令,改变链接的显示效果,如图4-68所示。

【素材所在位置】Ch04/素材/建筑模型网页/images。

【效果所在位置】Ch04/效果/建筑模型网页/index.html。

图4-68

课后习题——建筑设计网页

【习题知识要点】使用"鼠标经过图像"按钮,为网页添加交换图像效果,如图4-69所示。

【素材所在位置】Ch04/素材/建筑设计网页/images。

【效果所在位置】Ch04/效果/建筑设计网页/index.html。

图4-69

第 5 章

使用表格

本章介绍

　　表格是网页设计中一个非常有用的工具，它不仅可以将相关数据有序地排列在一起，还可以精确地定位文字、图像等网页元素在页面中的位置，使页面在形式上丰富多彩又条理清楚，在组织上井然有序而不显单调。使用表格进行页面布局的最大好处是，即使浏览者改变计算机的分辨率也不会影响网页的浏览效果。因此，表格是网站设计人员必须掌握的工具。表格运用得是否熟练，是衡量专业制作人士和业余爱好者的一个重要标准。

学习目标

◆ 了解表格的组成及插入方法。

◆ 熟悉表格、单元格和行或列的属性设置。

◆ 了解在单元格中输入文字、插入其他网页元素的方法。

◆ 掌握选择整个表格、行或列、单元格的应用。

◆ 掌握复制、剪切、粘贴、删除及缩放表格的应用。

◆ 熟悉单元格的合并和单元格的拆分方法。

◆ 了解导入和导出表格数据和排序表格的方法。

技能目标

◆ 熟练掌握"信用卡网页"的制作方法。

◆ 熟练掌握"典藏博物馆网页"的制作方法。

5.1 表格的简单操作

表格由若干的行和列组成，行列交叉的区域为单元格。一般以单元格为单位来插入网页元素，以行和列为单位来修改性质相同的单元格。本章所讲的表格的功能和使用方法与文字处理软件中的表格不太一样。

命令介绍

表格各元素的属性：设置插入表格的各项参数。

选择表格元素：可以用来选择表格元素。

5.1.1　课堂案例——信用卡网页

【案例学习目标】使用"插入"面板"常用"选项卡中的按钮制作网页；使用"属性"面板设置文档，使页面更加美观。

【案例知识要点】使用"表格"按钮，插入表格效果；使用"图像"按钮，插入图像；使用"CSS"命令，为单元格添加背景图像并控制文字大小、颜色，如图5-1所示。

【效果所在位置】Ch05/效果/信用卡网页/index.html。

图5-1

1. 设置页面属性并插入表格

（1）启动Dreamweaver CS6，新建一个空白文档。新建页面的初始名称为"Untitled-1.html"。选择"文件 > 保存"命令，弹出"另存为"对话框。在"保存在"选项的下拉列表中选择站点目录保存路径，在"文件名"选项的文

本框中输入"index"，单击"保存"按钮，返回到编辑窗口。

（2）选择"修改 > 页面属性"命令，弹出"页面属性"对话框，在左侧的"分类"列表中选择"外观（CSS）"选项，将"页面字体"选项设为"微软雅黑"，"大小"选项设为12，在该选项右侧的下拉列表中选择"px"选项，"文本颜色"选项设为白色，"左边距""右边距""上边距""下边距"均设为0，如图5-2所示。

图5-2

（3）在左侧的"分类"列表中选择"标题/编码"选项，在"标题"选项的文本框中输入"信用卡网页"，如图5-3所示。单击"确定"按钮，完成页面属性的修改。

图5-3

（4）单击"插入"面板"常用"选项卡中的

"表格"按钮 ，在弹出的"表格"对话框中进行设置，如图5-4所示。单击"确定"按钮，完成表格的插入。保持表格的选取状态，在"属性"面板"对齐"选项的下拉列表中选择"居中对齐"选项，效果如图5-5所示。

图5-4

图5-5

2. 制作导航条

（1）将光标置入第1行单元格中，在"属性"面板"水平"选项的下拉列表中选择"居中对齐"选项，将"高"选项设为40，"背景颜色"选项设为黑色，效果如图5-6所示。

图5-6

（2）单击"插入"面板"常用"选项卡中的"表格"按钮，弹出"表格"对话框，将"行数"选项设为1，"列"选项设为2，"表格宽度"选项设为1000，在该选项右侧的下拉列表中选择"像素"选项，"边框粗细""单元格边距""单元格间距"选项均设为0，单击"确定"按钮，完成表格的插入，效果如图5-7所示。

图5-7

（3）将光标置入刚插入表格的第1列单元格中，在"属性"面板"水平"选项的下拉列表中选择"左对齐"选项。单击"插入"面板"常用"选项卡中的"图像"按钮，在弹出的"选择图像源文件"对话框中，选择本书学习资源中的"Ch05 > 素材 > 信用卡网页 > images"文件夹中的"tp_1.png"文件，单击"确定"按钮完成图片的插入，效果如图5-8所示。

（4）用相同的方法分别将"tp_2.png""tp_3.png""tp_4.png""tp_5.png""tp_6.png"文件，插入该单元格中，效果如图5-9所示。

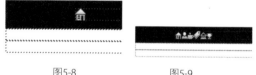

图5-8　　　　　　　　图5-9

（5）选择"窗口 > CSS样式"命令，弹出"CSS样式"面板，单击面板下方的"新建CSS规则"按钮，在弹出的"新建CSS规则"对话框中进行设置，如图5-10所示。单击"确定"按钮，弹出".pic的CSS规则定义"对话框，在左侧的"分类"列表中选择"方框"选项，取消选择"Margin"选项组中的"全部相同"复选框，将"Right"和"Left"选项均设为20，如图5-11所示。单击"确定"按钮，完成样式的创建。

图5-10

图5-11

（6）选中图5-12所示的图像，在"属性"面板"类"选项的下拉列表中选择"pic"选项，应用样式，效果如图5-13所示。用相同的方法为图像"tp_4.png"和"tp_6.png"应用"pic"样式，效果如图5-14所示。

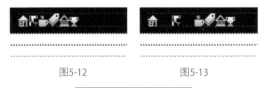

图5-12　　　　　图5-13

图5-14

（7）将光标置入第2列单元格中，在"属性"面板"水平"选项的下拉列表中选择"右对齐"选项。在单元格中输入文字和空格，效果如图5-15所示。

图5-15

3. 制作内容及底部区域

（1）选中主体表格的第2行和第3行单元格，在"属性"面板"水平"选项的下拉列表中选择"居中对齐"选项，将"背景颜色"选项设为黄色（#f8ecc7），效果如图5-16所示。

图5-16

（2）单击"CSS样式"面板下方的"新建CSS规则"按钮，在弹出的"新建CSS规则"

对话框中进行设置，如图5-17所示。单击"确定"按钮，弹出".bj的CSS规则定义"对话框，在左侧的"分类"列表中选择"背景"选项，单击"Background-images"选项右侧的"浏览"按钮，在弹出的"选择图像源文件"对话框中，选择本书学习资源中的"Ch05 > 素材 > 信用卡网页 > images"文件夹中的"bj.png"文件，单击"确定"按钮，返回到".bj的CSS规则定义"对话框中，其他选项的设置，如图5-18所示。单击"确定"按钮，完成样式的创建。

图5-17

图5-18

（3）将光标置入第2行单元格中，在"属性"面板"垂直"选项的下拉列表中选择"顶端"选项，在"类"选项的下拉列表中选择"bj"选项，将"高"选项设为800，效果如图5-19所示。在该单元格中插入一个4行1列，宽为1000像素的表格。

（4）将光标置入刚插入表格的第1行单元格中，在"属性"面板中，将"高"选项设为400。将光标置入第2行单元格中，在"属性"面板"水平"选项的下拉列表中选择"居中对齐"选项，将"高"选项设为120。在单元格中输入文字，效果如图5-20所示。

图5-19

图5-20

（5）单击"CSS样式"面板下方的"新建CSS规则"按钮 ，在弹出的"新建CSS规则"对话框中进行设置，如图5-21所示。单击"确定"按钮，在弹出的".text的CSS规则定义"对话框中进行设置，如图5-22所示。单击"确定"按钮，完成样式的创建。

图5-21

图5-22

（6）选中图5-23所示的文字，在"属性"面板"类"选项的下拉列表中选择"text"选项，应用样式，效果如图5-24所示。

图5-23

图5-24

（7）将光标置入第3行单元格中，在"属性"面板"水平"选项的下拉列表中选择"居中对齐"选项，在"垂直"选项的下拉列表中选择"顶端"选项，将"高"选项设为140。将"pic_1.png""pic_2.png""pic_3.png"文件插入该单元格中，效果如图5-25所示。

图5-25

（8）单击"CSS样式"面板下方的"新建CSS规则"按钮 ，在弹出的"新建CSS规则"对话框中进行设置，如图5-26所示。单击"确定"按钮，弹出".pic01的CSS规则定义"对话框，在左侧的"分类"列表中选择"方框"选项，取消选择"Margin"选项组中的"全部相同"复选框，将"Right"和"Left"选项均设为60，如图5-27所示。单击"确定"按钮，完成样式的创建。

图5-26

图5-27

（9）选中图5-28所示的图片，在"属性"面板"类"选项的下拉列表中选择"pic01"选项，应用样式，效果如图5-29所示。

图5-28

图5-29

（10）将光标置入第4行单元格中，在"属性"面板"水平"选项的下拉列表中选择"居中对齐"选项。将"an_1.png"和"an_.png"文件插入该单元格中，并在两个图片之间输入空格，效果如图5-30所示。

图5-30

（11）单击"CSS样式"面板下方的"新建CSS规则"按钮，在弹出的"新建CSS规则"对话框中进行设置，如图5-31所示。单击"确定"按钮，在弹出的".text02的CSS规则定义"对话框中进行设置，如图5-32所示。单击"确定"按钮，完成样式的创建。

图5-31

（12）将光标置入主体表格的第3行单元格中，在"属性"面板"水平"选项的下拉列表中选择"居中对齐"选项，在"类"选项的下拉列表中选择"text02"选项，将"高"选项设为50。在该单元格中输入文字和空格，效果如图5-33所示。

图5-32

图5-33

（13）保存文档，按F12键预览效果，如图5-34所示。

图5-34

5.1.2 表格的组成

表格包含行、列、单元格、表格标题等元素，如图5-35所示。

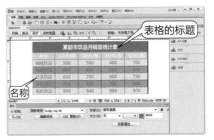

图5-35

表格元素所对应的HTML标签如下。

<table> </table>：标志表格的开始和结束。通过设置它的常用参数，可以指定表格的高

度、宽度、框线的宽度、背景图像、背景颜色、单元格间距、单元格边界和内容的距离，以及表格相对页面的对齐方式。

<tr> </tr>：标志表格的行。通过设置它的常用参数，可以指定行的背景图像、行的背景颜色、行的对齐方式。

<td> </td>：标志单元格内的数据。通过设置它的常用参数，可以指定列的对齐方式、列的背景图像、列的背景颜色、列的宽度、单元格垂直对齐方式等。

<caption> </caption>：标志表格的标题。

<th> </th>：标志表格的列名。

虽然Dreamweaver CS6允许用户在“设计”视图中直接操作行、列和单元格，但对于复杂的表格，是无法通过鼠标选择用户所需要的对象的，所以对于网站设计者来说，必须了解表格元素的HTML标签的基本内容。

当选定了表格或表格中有插入点时，Dreamweaver CS6会显示表格的宽度和每列的列宽。宽度旁边是表格标题菜单与列标题菜单的箭头，如图5-36所示。

某超市饮品月销量统计表

种类	1月份/瓶	2月份/瓶	3月份/瓶	4月份/瓶
咖啡饮品	500	560	480	700
绿茶饮品	600	650	590	620
红茶饮品	633	750	800	730
牛乳饮品	750	820	790	690
有机饮品	950	940	980	970

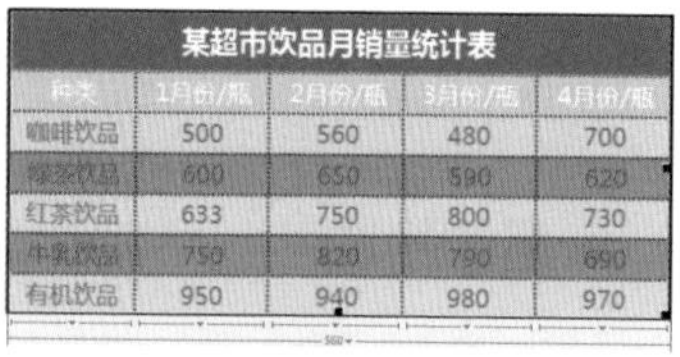

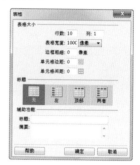

图5-36

用户可以根据需要打开或关闭表格和列的宽度显示，打开或关闭表格和列的宽度显示有以下两种方法。

① 选定表格或在表格中设置插入点，然后选择“查看 > 可视化助理 > 表格宽度”命令。

② 用鼠标右键单击表格，在弹出的菜单中选择“表格 > 表格宽度”命令。

5.1.3 插入表格

要将相关数据有序地组织在一起，必须先插入表格，然后才能有效地组织数据。

插入表格的具体操作步骤如下。

（1）在“文档”窗口中，将插入点放到合适的位置。

（2）通过以下4种方法弹出“表格”对话框，如图5-37所示。

图5-37

① 选择“插入> 表格”命令。

② 单击“插入”面板“常用”选项卡上的“表格”按钮。

③ 单击“插入”面板“布局”选项卡上的“表格”按钮。

④ 按Ctrl+Alt+T组合键。

对话框中各选项的作用如下。

“表格大小”选项组：完成表格行数、列数以及表格宽度、边框粗细等参数的设置。

“行数”选项：设置表格的行数。

“列”选项：设置表格的列数。

“表格宽度”选项：以像素为单位或以浏览器窗口宽度的百分比设置表格的宽度。

“边框粗细”选项：以像素为单位设置表格边框的宽度。对于大多数浏览器来说，此选项值应设置为1。如果用表格进行页面布局时将此选项值设置为0，浏览网页时就不显示表格的边框。

“单元格边距”选项：设置单元格边框与单元格内容之间的像素数。对于大多数浏览器来说，此选项的值应设置为1。如果用表格进行页面布局时将此选项值设置为0，浏览网页时单元格边框与内容之间没有间距。

“单元格间距”选项：设置相邻的单元格之

间的像素数。对于大多数浏览器来说，此选项的值应设置为2。如果用表格进行页面布局时将此选项值设置为0，浏览网页时单元格之间没有间距。

“标题”选项：设置表格标题的位置，标题显示在表格的外面。

“摘要”选项：对表格的说明，但是该文本不会显示在用户的浏览器中，仅在源代码中显示，可提高源代码的可读性。

可以通过如图5-38所示的表来了解上述对话框选项的具体内容。

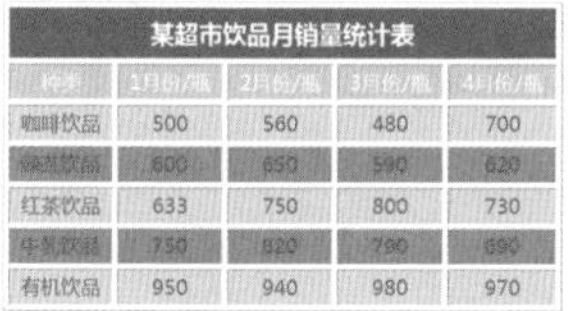

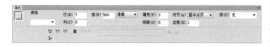

某超市饮品月销量统计表				
种类	1月份/瓶	2月份/瓶	3月份/瓶	4月份/瓶
咖啡饮品	500	560	480	700
绿茶饮品	600	650	590	620
红茶饮品	633	750	800	730
牛奶饮品	750	820	790	690
有机饮品	950	940	980	970

图5-38

> **提示**
>
> 在“表格”对话框中，当“边框粗细”选项设置为0时，在窗口中不显示表格的边框。若要查看单元格和表格边框，可以选择“查看 > 可视化助理 > 表格边框”命令。

（3）根据需要选择新建表格的大小、行列数值等，单击“确定”按钮完成新建表格的设置。

5.1.4 表格各元素的属性

插入表格后，通过选择不同的表格对象，可以在“属性”面板中看到它们的各项参数，修改这些参数可以得到不同风格的表格。

1. 表格的属性

表格的“属性”面板如图5-39所示，各选项的作用如下。

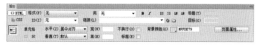

图5-39

“表格”选项：用于标志表格。

“行”和“列”选项：用于设置表格中行和列的数目。

“宽”选项：以像素为单位或以浏览器窗口宽度的百分比来设置表格的宽度。

“填充”选项：也称单元格边距，用于设置单元格内容和单元格边框之间的像素数。对于大多数浏览器来说，此选项的值设为1。如果用表格进行页面布局时将此参数设置为0，浏览网页时单元格边框与内容之间没有间距。

“间距”选项：也称单元格间距，用于设置相邻的单元格之间的像素数。对于大多数浏览器来说，此选项的值设为2。如果用表格进行页面布局时将此参数设置为0，浏览网页时单元格之间没有间距。

“对齐”选项：用于设置表格在页面中相对于同一段落其他元素的显示位置。

“边框”选项：以像素为单位设置表格边框的宽度。

“清除列宽”按钮和“清除行高”按钮：从表格中删除所有明确指定列宽或行高的数值。

“将表格宽度转换成像素”按钮：将表格每列宽度的单位转换成像素，还可将表格宽度的单位转换成像素。

“将表格宽度转换成百分比”按钮：将表格每列宽度的单位转换成百分比，还可将表格宽度的单位转换成百分比。

“类”选项：设置表格样式。

> **提示**
>
> 如果没有明确指定单元格间距和单元格边距的值，则大多数浏览器将单元格边距设置为1，将单元格间距设置为2显示表格。

2. 单元格和行或列的属性

单元格和行或列的“属性”面板如图5-40所示，各选项的作用如下。

图5-40

"**合并所选单元格，使用跨度**"按钮囗：将选定的多个单元格、选定的行或列的单元格合并成一个单元格。

"**拆分单元格为行或列**"按钮Ⅱ：将选定的一个单元格拆分成多个单元格。一次只能对一个单元格进行拆分，若选择多个单元格，此按钮禁用。

"**水平**"选项：设置行或列中内容的水平对齐方式。在其下拉列表中包括"默认""左对齐""居中对齐""右对齐"4个选项。一般标题行的所有单元格设置为"居中对齐"方式。

"**垂直**"选项：设置行或列中内容的垂直对齐方式。在其下拉列表中包括"默认""顶端""居中""底部"和"基线"5个选项，一般采用"居中"对齐方式。

"**宽**"和"**高**"选项：以像素为单位或以浏览器窗口宽度的百分比来设置表格的宽度和高度。

"**不换行**"选项：设置单元格文本是否换行。如果勾选"不换行"复选框，当输入的数据超出单元格的宽度时，会自动增加单元格的宽度来容纳数据。

"**标题**"选项：勾选该复选框，则将行或列的每个单元格的格式设置为表格标题单元格的格式。

"**背景颜色**"选项：设置单元格的背景颜色。

5.1.5 在表格中插入内容

建立表格后，可以在表格中添加各种网页元素，如文本、图像和表格等。在表格中添加元素的操作非常简单，只需根据设计要求选定单元格，然后插入网页元素即可。一般当表格中插入内容后，表格的尺寸会随内容的尺寸自动调整。当然，还可以利用单元格的属性来调整其内部元素的对齐方式和单元格的大小等。

1. 输入文字

在单元格中输入文字，有以下两种方法。

① 单击任意一个单元格并直接输入文本，此时单元格会随文本的输入自动扩展。

② 粘贴从其他文字编辑软件中复制的带有格式的文本。

2. 插入其他网页元素

（1）嵌套表格。

将光标置入一个单元格内并插入表格，即可实现嵌套表格。

（2）插入图像。

在表格中插入图像有以下4种方法。

①将光标置入一个单元格中，单击"插入"面板"常用"选项卡中的"图像"按钮囗。

② 将光标置入一个单元格中，选择"插入 > 图像"命令。

③ 将光标置入一个单元格中，将"插入"面板"常用"选项卡中的"图像"按钮囗-拖曳到单元格内。

④ 从资源管理器、站点资源管理器或桌面上将图像文件直接拖曳到一个需要插入图像的单元格内。

5.1.6 选择表格元素

先选择表格元素，然后对其进行操作。用户一次可以选择整个表格、多行或多列，也可以选择一个或多个单元格。

1. 选择整个表格

选择整个表格有以下4种方法。

① 将鼠标指针放到表格的四周边缘，当鼠标指针右下角出现图标田时，如图5-41所示，单击鼠标左键即可选中整个表格，如图5-42所示。

② 将光标置入表格中的任意单元格中，然后在文档窗口左下角的标签栏中单击`<table>`标签，如图5-43所示。

③ 将光标置入表格中，然后选择"修改 > 表格 > 选择表格"命令。

④ 在任意单元格中单击鼠标右键，在弹出的快捷菜单中选择"表格 > 选择表格"命令，如图5-44所示。

![某超市饮品月销量统计表]

图5-41

![某超市饮品月销量统计表]

图5-42

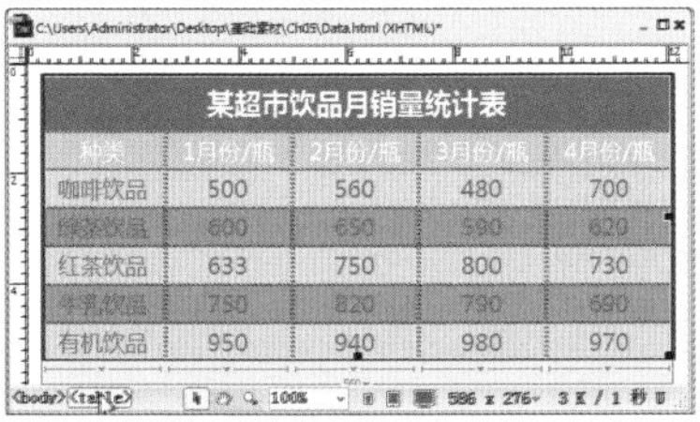

![某超市饮品月销量统计表窗口]

图5-43

图5-44

2．选择行或列

（1）选择单行或单列。

定位鼠标指针，使其指向行的左边缘或列的上边缘。当鼠标指针出现向右或向下的箭头时单击，如图5-45和图5-46所示。

（2）选择多行或多列。

定位鼠标指针，使其指向行的左边缘或列的上边缘。当鼠标指针变为方向箭头时，直接拖曳鼠标或按住Ctrl键的同时单击行或列，选择多行或多列，如图5-47所示。

![某超市饮品月销量统计表]

图5-45

![某超市饮品月销量统计表]

图5-46

![某超市饮品月销量统计表]

图5-47

3．选择单元格

选择单元格有以下3种方法。

① 将插入点放到表格中，然后在文档窗口左下角的标签栏中选择<td>标签，如图5-48所示。

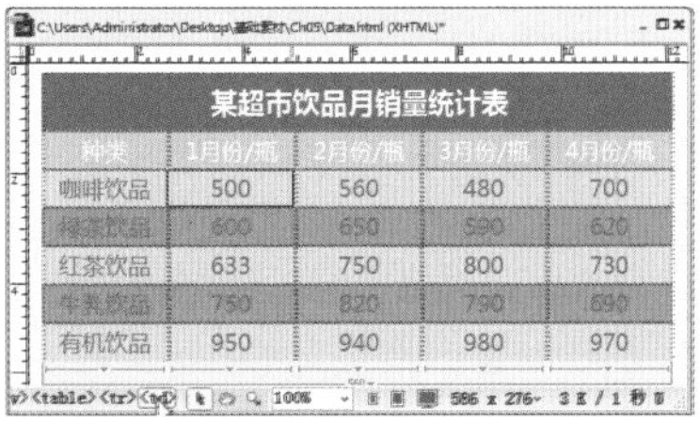

![某超市饮品月销量统计表窗口]

图5-48

② 单击任意单元格后，按住鼠标左键不放，直接拖曳鼠标选择单元格。

③ 将插入点放到单元格中，然后选择"编辑 > 全选"命令，选中鼠标指针所在的单元格。

4．选择一个矩形块区域

选择一个矩形块区域有以下两种方法。

① 将鼠标指针从一个单元格向右下方拖曳到另一个单元格。如将鼠标指针从“咖啡饮品”单元格向右下方拖曳到“970”单元格，得到如图5-49所示的结果。

某超市饮品月销量统计表				
种类	1月份/瓶	2月份/瓶	3月份/瓶	4月份/瓶
咖啡饮品	500	560	480	700
绿茶饮品	600	650	590	620
红茶饮品	633	750	800	730
牛乳饮品	750	820	790	690
有机饮品	950	940	980	970

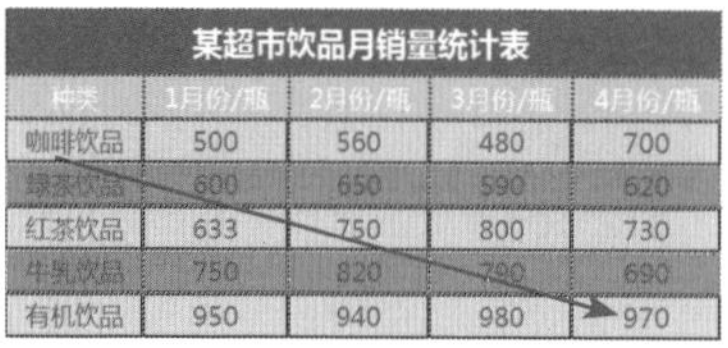

图5-49

② 选择矩形块左上角所在位置对应的单元格，按住Shift键的同时单击矩形块右下角所在位置对应的单元格。这两个单元格定义的直线或矩形区域中的所有单元格都将被选中。

5. 选择不相邻的单元格

在选定一个单元格后，按住Ctrl键的同时单击另一个单元格，即可将两个单元格同时选中，如图5-50所示。

某超市饮品月销量统计表				
种类	1月份/瓶	2月份/瓶	3月份/瓶	4月份/瓶
咖啡饮品	500	560	480	700
绿茶饮品	600	650	590	620
红茶饮品	633	750	800	730
牛乳饮品	750	820	790	690
有机饮品	950	940	980	970

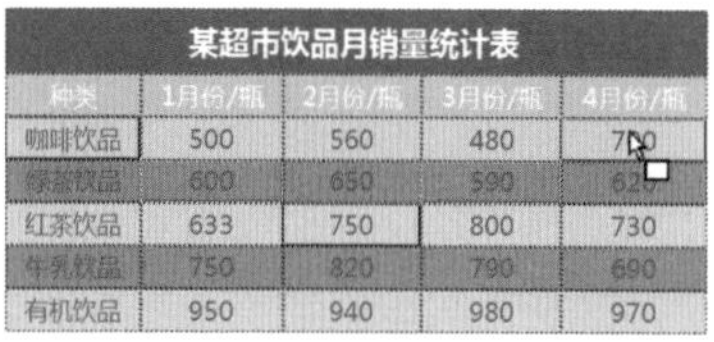

图5-50

5.1.7 复制、粘贴表格

在Dreamweaver CS6中复制表格的操作和在Word中的操作一样，可以对表格中的多个单元格进行复制、剪切、粘贴操作，并保留原单元格的格式，也可以仅对单元格的内容进行操作。

1. 复制单元格

选定表格的一个或多个单元格后，选择“编辑 > 拷贝”命令，或按Ctrl+C组合键，将选择的内容复制到剪贴板中。剪贴板是一块由系统分配的暂时存放剪贴和复制内容的特殊的内存区域。

2. 剪切单元格

选定表格的一个或多个单元格后，选择“编辑 > 剪切”命令，或按Ctrl+X组合键，将选择的内容剪切到剪贴板中。

> **提示**
>
> 必须选择连续的矩形区域，否则不能进行复制和剪切操作。

3. 粘贴单元格

将光标放到网页的适当位置，选择“编辑 > 粘贴”命令，或按Ctrl+V组合键，将当前剪贴板中包含格式的表格内容粘贴到光标所在位置。

4. 粘贴操作的几点说明

① 只要剪贴板的内容和选定单元格的内容兼容，选定单元格的内容就将被替换。

② 如果在表格外粘贴，则剪贴板中的内容将作为一个新表格出现，如图5-51所示。

某超市饮品月销量统计表				
种类	1月份/瓶	2月份/瓶	3月份/瓶	4月份/瓶
咖啡饮品	500	560	480	700
绿茶饮品	600	650	590	620
红茶饮品	633	750	800	730
牛乳饮品	750	820	790	690
有机饮品	950	940	980	970

牛乳饮品	750	820	790	690
有机饮品	950	940	980	970

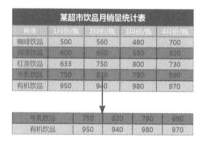

图5-51

③ 还可以先选择“编辑 > 拷贝”命令进行复制，然后选择“编辑 > 选择性粘贴”命令，弹出“选择性粘贴”对话框，如图5-52所示，设置完成后单击“确定”按钮进行粘贴。

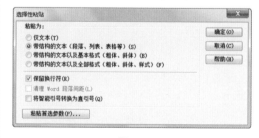

图5-52

5.1.8 删除表格和表格内容

删除表格的操作包括删除行或列，清除表格

内容。

1. 清除表格内容

选定表格中要清除内容的区域后，要实现清除表格内容的操作有以下两种方法。

① 按Delete键即可清除所选区域的内容。

② 选择“编辑 > 清除”命令。

2. 删除行或列

选定表格中要删除的行或列后，要实现删除行或列的操作方法如下。

① 选择“修改 > 表格 > 删除行”命令，或按Ctrl+Shift+M组合键，删除选择区域所在的行。

② 选择“修改 > 表格 > 删除列”命令，或按Ctrl+Shift+—组合键，删除选择区域所在的列。

5.1.9　缩放表格

创建表格后，可根据需要调整表格、行和列的大小。

1. 缩放表格

缩放表格有以下两种方法。

① 将鼠标指针放在选定表格的边框上，当鼠标指针变为“⟺”形状时，左右拖曳边框，可以实现表格的缩放，如图5-53所示。

某超市饮品月销量统计表				
种类	1月份/瓶	2月份/瓶	3月份/瓶	4月份/瓶
咖啡饮品	500	560	480	700
绿茶饮品	600	650	590	620
红茶饮品	633	750	800	730
牛乳饮品	750	820	790	690
有机饮品	950	940	980	970

图5-53

② 选中表格，直接修改“属性”面板中的“宽”选项的数值。

2. 修改行或列的大小

修改行或列的大小有以下两种方法。

① 直接拖曳鼠标。改变行高，可上下拖曳行的底边线；改变列宽，可左右拖曳列的右边线，如图5-54所示。

某超市饮品月销量统计表				
种类	1月份/瓶	2月份/瓶	3月份/瓶	4月份/瓶
咖啡饮品	500	560	480	700
绿茶饮品	600	650	590	620
红茶饮品	633	750	800	730
牛乳饮品	750	820	790	690
有机饮品	950	940	980	970

图5-54

② 输入行高或列宽的值。在“属性”面板中直接输入选定单元格所在行或列的行高或列宽的数值。

5.1.10　合并和拆分单元格

有的表格项需要几行或几列来说明，这时需要将多个单元格合并，生成一个跨多个列或行的单元格，如图5-55所示。

牛乳饮品	750820790			690970
有机饮品	950	940	980	

图5-55

1. 合并单元格

选择连续的单元格后，便可将它们合并成一个单元格。合并单元格有以下3种方法。

① 按Ctrl+Alt+M组合键。

② 选择“修改 > 表格 > 合并单元格”命令。

③ 在“属性”面板中，单击“合并所选单元格，使用跨度”按钮□。

> **提示**
>
> 合并前的多个单元格的内容将合并到一个单元格中。不相邻的单元格不能合并，并应保证其为矩形的单元格区域。

2. 拆分单元格

有时为了满足用户的需要，需要将一个表格项分成多个单元格以详细显示不同的内容，这时就必须将单元格进行拆分。

拆分单元格的具体操作步骤如下。

（1）选择一个要拆分的单元格。

（2）通过以下3种方法弹出“拆分单元格”

对话框，如图5-56所示。

图5-56

① 按Ctrl+Alt+S组合键。

②选择"修改 > 表格 > 拆分单元格"命令。

③ 在"属性"面板中，单击"拆分单元格为行或列"按钮。

"拆分单元格"对话框中各选项的作用如下。

"把单元格拆分成"选项组：设置是按行还是按列拆分单元格，它包括"行"和"列"两个选项。

"行数"或"列数"选项：设置将指定单元格拆分成的行数或列数。

（3）根据需要进行设置，单击"确定"按钮完成单元格的拆分。

5.1.11 增加和删除表格的行和列

在实际工作中，随着客观环境的变化，表格中的项目也需要做相应的调整，通过选择"修改 > 表格"中的相应子菜单命令，可增加、删除行或列。

1. 插入单行或单列

选择一个单元格后，就可以在该单元格的上下或左右插入一行或一列。

插入单行或单列有以下4种方法。

（1）插入行。

① 选择"修改 > 表格 > 插入行"命令，在插入点的上面插入一行。

②按Ctrl+M组合键，在插入点的上面插入一行。

③ 选择"插入 > 表格对象 > 在上面插入行"命令，在插入点的上面插入一行。

④ 选择"插入 > 表格对象 > 在下面插入行"命令，在插入点的下面插入一行。

（2）插入列。

① 选择"修改 > 表格 > 插入列"命令，在插入点的左侧插入一列。

② 按Ctrl+Shift+A组合键，在插入点的左侧插入一列。

③ 选择"插入 > 表格对象 > 在左边插入列"命令，在插入点的左侧插入一列。

④ 选择"插入 > 表格对象 > 在右边插入列"命令，在插入点的右侧插入一列。

2. 插入多行或多列

选中一个单元格，选择"修改 > 表格 > 插入行或列"命令，弹出"插入行或列"对话框。根据需要设置对话框，可实现在当前行的上面或下面插入多行，如图5-57所示。或在当前列之前或之后插入多列，如图5-58所示。

图5-57

图5-58

"插入行或列"对话框中各选项的作用如下。

"插入"选项组：设置是插入行还是列，它包括"行"和"列"两个选项。

"行数"或"列数"选项：设置要插入行或列的数目。

"位置"选项组：设置新行或新列相对于所选单元格所在行或列的位置。

> 🔍 提示
>
> 在表格的最后一个单元格中按Tab键会自动在表格的下方新添一行。

5.2 网页中的数据表格

在实际工作中，有时需要将其他程序（如Excel、Access）建立的表格数据导入网页中，在Dreamweaver CS6中，利用"导入表格式数据"命令可以很方便地实现这一功能。

在Dreamweaver CS6中提供了对表格进行排序的功能，可以根据一列的内容来完成一次简单的表格排序，也可以根据两列的内容来完成一次较复杂的排序。

命令介绍

导入、导出表格的数据：可以将他其程序建立的表格数据导入网页中。

排序表格：排序表格的功能主要针对具有表格式数据的表格，根据表格列表中的数据来排序。

5.2.1 课堂案例——典藏博物馆网页

【案例学习目标】使用"插入"命令导入外部表格数据；使用"命令"菜单将表格的数据排序。

【案例知识要点】使用"导入表格式数据"命令，导入外部表格数据；使用"排序表格"命令，将表格的数据排序，如图5-59所示。

【效果所在位置】Ch05/效果/典藏博物馆网页/index.html。

图5-59

1. 导入表格式数据

（1）选择"文件 > 打开"命令，在弹出的"打开"对话框中，选择本书学习资源中的"Ch05 > 素材 > 典藏博物馆网页 > index.html"文件，单击"打开"按钮打开文件，如图5-60所示。将光标置放在要导入表格数据的位置，如图

5-61所示。

图5-60 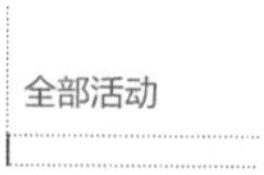　　　　　　　　　图5-61

（2）选择"插入 > 表格对象 > 导入表格式数据"命令，弹出"导入表格式数据"对话框。单击"数据文件"选项右侧的"浏览"按钮，在弹出的"打开"对话框中，选择本书学习资源中的"Ch05 > 素材 > 典藏博物馆网页 > SJ.txt"文件，单击"打开"按钮，返回到对话框中，如图5-62所示。单击"确定"按钮，导入表格式数据，效果如图5-63所示。

图5-62

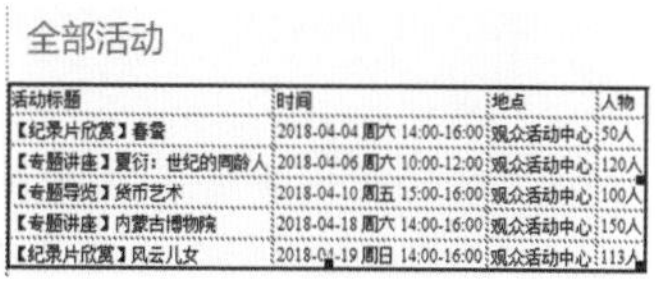

图5-63

（3）保持表格的选取状态，在"属性"面板中，将"宽"选项设为100，在该选项右侧的下

拉列表中选择"%"，表格效果如图5-64所示。

全部活动

活动标题	时间	地点	人物
【纪录片欣赏】春夏	2018-04-04 周六 14:00-16:00	观众活动中心	50人
【专题讲座】夏衍：世纪的同龄人	2018-04-06 周六 10:00-12:00	观众活动中心	120人
【专题导览】货币艺术	2018-04-10 周五 15:00-16:00	观众活动中心	100人
【专题讲座】内蒙古博物院	2018-04-18 周六 14:00-16:00	观众活动中心	150人
【纪录片欣赏】风云儿女	2018-04-19 周日 14:00-16:00	观众活动中心	113人

图5-64

（4）将第1列单元格全部选中，如图5-65所示。在"属性"面板中，将"宽"选项设为300，"高"选项设为35，效果如图5-66所示。

全部活动

活动标题	时间	地点	人物
【纪录片欣赏】春夏	2018-04-04 周六 14:00-16:00	观众活动中心	50人
【专题讲座】夏衍：世纪的同龄人	2018-04-06 周六 10:00-12:00	观众活动中心	120人
【专题导览】货币艺术	2018-04-10 周五 15:00-16:00	观众活动中心	100人
【专题讲座】内蒙古博物院	2018-04-18 周六 14:00-16:00	观众活动中心	150人
【纪录片欣赏】风云儿女	2018-04-19 周日 14:00-16:00	观众活动中心	113人

图5-65

全部活动

活动标题	时间	地点	人物
【纪录片欣赏】春夏	2018-04-04 周六 14:00-16:00	观众活动中心	50人
【专题讲座】夏衍：世纪的同龄人	2018-04-06 周六 10:00-12:00	观众活动中心	120人
【专题导览】货币艺术	2018-04-10 周五 15:00-16:00	观众活动中心	100人
【专题讲座】内蒙古博物院	2018-04-18 周六 14:00-16:00	观众活动中心	150人
【纪录片欣赏】风云儿女	2018-04-19 周日 14:00-16:00	观众活动中心	113人

图5-66

（5）选中第2列所有单元格，在"属性"面板"水平"选项的下拉列表中选择"居中对齐"选项，将"宽"选项设为200。分别选中第3列和第4列所有单元格，在"属性"面板"水平"选项的下拉列表中选择"居中对齐"选项，将"宽"选项设为150，效果如图5-67所示。

全部活动

活动标题	时间	地点	人物
【纪录片欣赏】春夏	2018-04-04 周六 14:00-16:00	观众活动中心	50人
【专题讲座】夏衍：世纪的同龄人	2018-04-06 周六 10:00-12:00	观众活动中心	120人
【专题导览】货币艺术	2018-04-10 周五 15:00-16:00	观众活动中心	100人
【专题讲座】内蒙古博物院	2018-04-18 周六 14:00-16:00	观众活动中心	150人
【纪录片欣赏】风云儿女	2018-04-19 周日 14:00-16:00	观众活动中心	113人

图5-67

（6）选择"窗口 > CSS样式"命令，弹出"CSS样式"面板，单击面板下方的"新建CSS规则"按钮，在对话框中进行设置，如图5-68所示。单击"确定"按钮，弹出".bt的CSS规则定义"对话框，在左侧的"分类"列表中选择"类型"选项，将"Font-family"选项设为"微软雅黑"，"Font-size"选项设为18，在该选项右侧的下拉列表中选择"px"选项，将"Color"选项

设为深灰色（#333），如图5-69所示。单击"确定"按钮完成样式的创建。

图5-68

图5-69

（7）选中图5-70所示的文字，在"属性"面板"类"选项的下拉列表中选择"bt"选项，应用样式，效果如图5-71所示。用相同的方法为其他文字应用样式，效果如图5-72所示。

全部活动

活动标题
【纪录片欣赏】春夏
【专题讲座】夏衍：世纪的同龄人

图5-70

全部活动

活动标题
【纪录片欣赏】春夏
【专题讲座】夏衍：世纪的同龄人

图5-71

时间	地点	人物
2018-04-04 周六 14:00-16:00	观众活动中心	50人
2018-04-06 周六 10:00-12:00	观众活动中心	120人
2018-04-10 周五 15:00-16:00	观众活动中心	100人
2018-04-18 周六 14:00-16:00	观众活动中心	150人
2018-04-19 周日 14:00-16:00	观众活动中心	113人

图5-72

（8）单击"CSS样式"面板下方的"新建CSS规则"按钮，在对话框中进行设置，如图5-73所示。单击"确定"按钮，弹出".text的CSS规则定义"对话框，在左侧的"分类"列表中选择"类型"选项，将"Font-family"选项设为"微软雅黑", "Font-size"选项设为13, 在该选项右侧的下拉列表中选择"px"选项, 将"Color"选项设为灰色(#666), 如图5-74所示。单击"确定"按钮完成样式的创建。

图5-73

图5-74

（9）选中图5-75所示的单元格, 在"属性"面板"类"选项的下拉列表中选择"text", 应用样式, 效果如图5-76所示。

全部活动

活动标题	时间	地点	人物
【记录片放置】番薯	2018-04-04 周六 14:00-16:00	观众活动中心	50人
【专题讲座】夏衍：世纪的同龄人	2018-04-06 周六 10:00-12:00	观众活动中心	120人
【专题研究】货币艺术	2018-04-10 周五 15:00-16:00	观众活动中心	100人
【专题讲座】内蒙古博物院	2018-04-18 周六 14:00-16:00	观众活动中心	150人
【记录片放置】风云儿女	2018-04-19 周日 14:00-16:00	观众活动中心	113人

图5-75

全部活动

活动标题	时间	地点	人物
【记录片放置】番薯	2018-04-04 周六 14:00-16:00	观众活动中心	50人
【专题讲座】夏衍：世纪的同龄人	2018-04-06 周六 10:00-12:00	观众活动中心	120人
【专题研究】货币艺术	2018-04-10 周五 15:00-16:00	观众活动中心	100人
【专题讲座】内蒙古博物院	2018-04-18 周六 14:00-16:00	观众活动中心	150人
【记录片放置】风云儿女	2018-04-19 周日 14:00-16:00	观众活动中心	113人

图5-76

（10）保存文档, 按F12键预览效果, 如图5-77所示。

图5-77

2. 排序表格

（1）选中图5-78所示的表格, 选择"命令 > 排序表格"命令, 弹出"排序表格"对话框, 如图5-79所示。在"排列按"选项的下拉列表中选择"列1", 在"顺序"下拉列表中选择"按数字顺序", 在后面的下拉列表中选择"升序", 如图5-80所示。单击"确定"按钮, 表格进行排序, 效果如图5-81所示。

全部活动

活动标题	时间	地点	人物
【记录片放置】番薯	2018-04-04 周六 14:00-16:00	观众活动中心	50人
【专题讲座】夏衍：世纪的同龄人	2018-04-06 周六 10:00-12:00	观众活动中心	120人
【专题研究】货币艺术	2018-04-10 周五 15:00-16:00	观众活动中心	100人
【专题讲座】内蒙古博物院	2018-04-18 周六 14:00-16:00	观众活动中心	150人
【记录片放置】风云儿女	2018-04-19 周日 14:00-16:00	观众活动中心	113人

图5-78

图5-79

图5-80

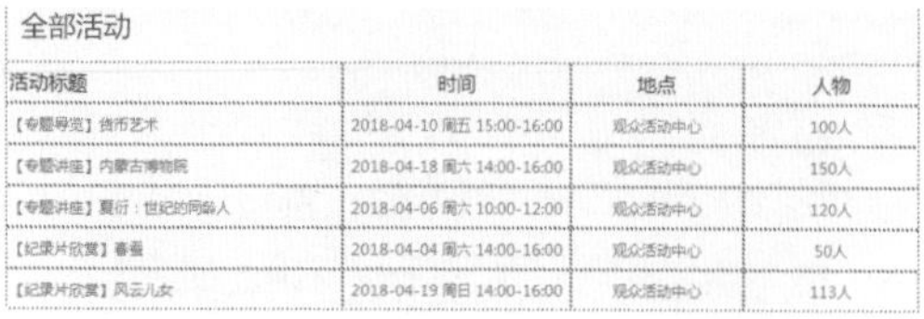

全部活动

活动标题	时间	地点	人物
【专题导览】货币艺术	2018-04-10 周五 15:00-16:00	观众活动中心	100人
【专题讲座】内蒙古博物院	2018-04-18 周六 14:00-16:00	观众活动中心	150人
【专题讲座】夏衍：世纪的同龄人	2018-04-06 周六 10:00-12:00	观众活动中心	120人
【纪录片欣赏】春蚕	2018-04-04 周六 14:00-16:00	观众活动中心	50人
【纪录片欣赏】风云儿女	2018-04-19 周日 14:00-16:00	观众活动中心	113人

图5-81

（2）保存文档，按F12键预览效果，如图5-82所示。

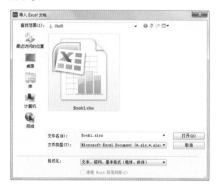

图5-82

5.2.2 导入和导出表格的数据

有时需要将Word文档中的内容或Excel文档中的表格数据导入网页中进行发布，或将网页中的表格数据导出到Word文档或Excel文档中进行编辑，Dreamweaver CS6提供了实现这种操作的功能。

1. 导入Excel文档中的表格数据

选择“文件 > 导入 > Excel文档”命令，弹出“导入Excel文档”对话框，如图5-83所示。选择包含导入数据的Excel文档，导入后的效果如图5-84所示。

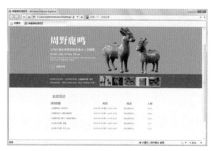

图5-83

某工厂销量统计表							
种类	1月	2月	3月	4月	5月	6月	7月
鞋子	6000	6500	6300	7000	6523	7560	8523
上衣	5900	6700	7500	7300	7269	7364	7951
裤子	6950	7532	7961	8230	6340	8391	8462

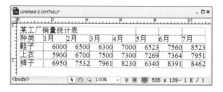

图5-84

2. 导入Word文档中的内容

选择“文件 > 导入 > Word文档”命令，弹出“导入Word文档”对话框，如图5-85所示。选择包含导入内容的Word文档，导入后的效果如图5-86所示。

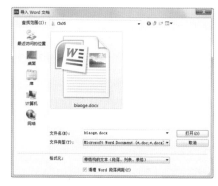

图5-85

某工厂销量统计表							
种类	1月	2月	3月	4月	5月	6月	7月
鞋子	6000	6500	6300	7000	6523	7560	8523
上衣	5900	6700	7500	7300	7269	7364	7951
裤子	6950	7532	7961	8230	6340	8391	8462

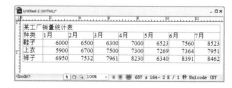

图5-86

3. 将网页中的表格导入其他网页或Word文档中

若要将一个网页的表格导入其他网页或Word文档中，需先将网页内的表格数据导出，然后将其导入其他网页或切换并导入Word文档中。

（1）将网页内的表格数据导出。

选择“文件 > 导出 > 表格”命令，弹出如图5-87所示的“导出表格”对话框，根据需要设置参数。单击“导出”按钮，弹出“表格导出为”对话框，输入保存导出数据的文件名称，单击“保存”按钮完成设置。

图5-87

"导出表格"对话框中各选项的作用如下。

"定界符"选项：设置导出文件所使用的分隔符字符。

"换行符"选项：设置打开导出文件的操作系统。

（2）在其他网页中导入表格数据。

首先要弹出"导入表格式数据"对话框，如图5-88所示。然后根据需要进行选项设置，最后单击"确定"按钮完成设置。

图5-88

弹出"导入表格式数据"对话框的方法如下。

① 选择"文件 > 导入 > 表格式数据"命令。

② 选择"插入 > 表格对象 > 导入表格式数据"命令。

"导入表格式数据"对话框中各选项的作用如下。

"数据文件"选项：单击"浏览"按钮选择要导入的文件。

"定界符"选项：设置正在导入的表格文件所使用的分隔符。它包括Tab、逗点等选项值。如果选择"其他"选项，则需在选项右侧的文本框中输入导入文件使用的分隔符，如图5-89所示。

图5-89

"表格宽度"选项组：设置将要创建的表格的宽度。

"单元格边距"选项：以像素为单位设置单元格内容与单元格边框之间的距离。

"单元格间距"选项：以像素为单位设置相邻单元格之间的距离。

"格式化首行"选项：设置应用于表格首行的格式。从下拉列表的"无格式""粗体""斜体""加粗斜体"选项中进行选择。

"边框"选项：设置表格边框的宽度。

5.2.3　排序表格

日常工作中，常常需要对无序的表格内容进行排序，以便浏览者可以快速找到所需的数据。表格排序功能可以为网站设计者解决这一难题。

将插入点放到要排序的表格中，然后选择"命令 > 排序表格"命令，弹出"排序表格"对话框，如图5-90所示。根据需要设置相应选项，单击"应用"或"确定"按钮完成设置。

图5-90

"排序表格"对话框中各选项的作用如下。

"排序按"选项：设置表格按哪列的值进行排序。

"顺序"选项：设置是按字母还是按数字顺序以及是以升序（从A到Z或从小数字到大数字）还是降序对列进行排序。当列的内容是数字时，选择"按数字顺序"。如果按字母顺序对一组由一位或两位字数组成的数进行排序，则会将这些数字作为单词按照从左到右的方式进行排序，而不是按数字大小进行排序。如1、2、3、10、20、30，若按字母顺序排序，则结果为1、10、2、20、3、30；若按数字顺序排序，则结果为1、2、3、10、20、30。

"再按"和"顺序"选项：按第一种排序方法排序后，当排序的列中出现相同的结果时按第二种排序方法排序。可以在这两个选项中设置第二种排序方法，设置方法与第一种排序方法相同。

"选项"选项组：设置是否将标题行、脚注行等一起进行排序。

"排序包含第一行"选项：设置表格的第一行是否应该排序。如果第一行是不应移动的标题，则不选择此选项。

"排序标题行"选项：设置是否对标题行进行排序。

"排序脚注行"选项：设置是否对脚注行进行排序。

"完成排序后所有行颜色保持不变"选项：设置排序的结果是否保持原行的颜色值。如果表格行使用两种交替的颜色，则不要选择此选项以确保排序后的表格仍具有颜色交替的行。如果行属性特定于每行的内容，则选择此选项以确保这些属性保持与排序后表格中正确的行关联在一起。

按图5-90所示进行设置，表格内容排序后的效果如图5-91所示。

种类	1月	2月	3月	4月	5月
运动鞋	6000	6500	6300	7000	6523
篮球鞋	5900	6700	7500	7300	7269
跑鞋	6950	7532	7961	8230	6340

原表格

种类	1月	2月	3月	4月	5月
篮球鞋	5900	6700	7500	7300	7269
跑鞋	6950	7532	7961	8230	6340
运动鞋	6000	6500	6300	7000	6523

排序后表格

图5-91

提示

有合并单元格的表格是不能使用"排序表格"命令的。

5.3　复杂表格的排版

当一个表格无法对网页元素进行复杂的定位时，需要在表格的一个单元格中继续插入表格，这叫作表格的嵌套。单元格中的表格是内嵌入式表格，通过内嵌入式表格可以将一个单元再分成许多行和列，而且可以无限地插入内嵌入式表格，但是内嵌入式表格越多，浏览时下载页面所花费的时间就越长，因此，内嵌入式的表格最好不超过3层。包含嵌套表格的网页如图5-92所示。

图5-92

课堂练习——营养美食网页

【练习知识要点】使用"页面属性"命令，设置页面的边距和标题；使用"表格"按钮插入表格；使用"CSS样式"命令，为单元格添加背景图像效果；使用"图像"按钮插入图像，如图5-93所示。

【素材所在位置】Ch05/素材/营养美食网页/images。

【效果所在位置】Ch05/效果/营养美食网页/index.html。

图5-93

课后习题——绿色粮仓网页

【习题知识要点】使用"导入表格式数据"命令，导入外部表格数据；使用"属性"面板改变单元格的宽度、高度和背景颜色；使用"排序表格"命令，将表格数据排序，如图5-94所示。

【素材所在位置】Ch05/素材/绿色粮仓网页/images。

【效果所在位置】Ch05/效果/绿色粮仓网页/index.html。

图5-94

第 6 章

ASP

本章介绍

　　本章主要介绍ASP动态网页基础和内置对象,包括ASP服务器的安装、ASP语法基础、数组的创建与应用及流程控制语句等。通过学习本章内容,读者可以掌握ASP的基本操作方法。

学习目标

◆ 了解ASP服务器的运行环境及安装IIS的方法。

◆ 熟悉ASP语法基础及数组的创建与应用方法。

◆ 掌握VBScript选择和循环语句。

◆ 掌握Request请求和相应对象的方法。

◆ 了解server服务对象。

技能目标

◆ 熟练掌握"刺绣艺术网页"的制作方法。

◆ 熟练掌握"网球俱乐部网页"的制作方法。

6.1　ASP动态网页基础

　　ASP（Active Server Pages）是微软公司1996年年底推出的Web应用程序开发技术，其主要功能是为生成动态交互的Web服务器应用程序提供功能强大的方法和技术。ASP既不是一种语言，也不是一种开发工具，而是一种技术框架，是位于服务器端的脚本运行环境。

命令介绍

通过输入代码实现函数效果。

6.1.1　课堂案例——刺绣艺术网页

　　【案例学习目标】使用日期函数显示当前系统时间。

　　【案例知识要点】使用"拆分视图"按钮和"设计视图"按钮切换视图窗口；使用函数"Now()"显示当前系统的日期和时间，如图6-1所示。

　　【效果所在位置】Ch06/效果/刺绣艺术网页/index.asp。

图6-1

　　（1）选择"文件 > 打开"命令，在弹出的"打开"对话框中，选择本书学习资源中的"Ch06 > 素材 > 刺绣艺术网页 > index.asp"文件，单击"打开"按钮，效果如图6-2所示。将光标置于图6-3所示的单元格中。

　　（2）单击文档窗口左上方的"拆分"按钮 拆分 ，切换到拆分视图，此时光标位于单元格标签中，如图6-4所示。输入文字和代码：当前时间为：<%=Now()%>，如图6-5所示。

图6-2

图6-3

图6-4

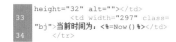

图6-5

　　（3）单击文档窗口左上方的"设计"按钮 设计 ，切换到设计视图窗口，单元格效果如图6-6所示。保存文档，在IIS中浏览页面，效果如图6-7所示。

图6-6

图6-7

6.1.2 ASP服务器的安装

ASP是一种服务器端脚本编写环境，主要功能是把脚本语言、HTML、组件和Web数据库访问功能有机地结合在一起，形成一个能在服务器端运行的应用程序。该应用程序可根据来自浏览器端的请求生成相应的HTML文档并回送给浏览器。使用ASP可以创建以HTML网页作为用户界面，并能够与数据库进行交互的Web应用程序。

1. ASP的运行环境

ASP程序是在服务器端执行的，因此必须在服务器上安装相应的Web服务器软件。下面介绍不同Windows操作系统下ASP的运行环境。

（1）Windows 2000 Server / Professional操作系统。

在Windows 2000 Server / Professional操作系统下安装并运行IIS 5.0。

（2）Windows XP Professional操作系统。

在Windows XP Professional操作系统下安装并运行IIS 5.1。

（3）Windows 2003 Server操作系统。

在Windows 2003 Server操作系统下安装并运行IIS 6.0。

（4）Windows Vista / Windows Server 2008s@bkIIS / Windows 7操作系统。

在Windows Vista / Windows Server 2008s@bkIIS / Windows 7操作系统下安装并运行IIS 7.0。

2. 安装IIS

IIS是微软公司提供的一种互联网基本服务，

已经被作为组件集成在Widows操作系统中。如果用户安装Windows Server 2000或Windows Server 2003等操作系统，在安装时会自动安装相应版本的IIS。如果安装的是Windows7等操作系统，默认情况下不会安装IIS，需要手动进行安装。

（1）选择"开始 > 控制面板"菜单命令，打开"控制面板"窗口，单击"程序和功能"按钮，在弹出的对话框中单击"打开或关闭Windows功能"按钮，弹出"Windows功能"对话框，如图6-8所示。

图6-8

（2）在"Internet信息服务"中勾选相应的Windows功能，如图6-9所示。单击"确定"按钮，系统会自动添加功能，如图6-10所示。

图6-9

图6-10

（3）安装完成后，需要对IIS进行简单的设置。单击控制面板中的"管理工具"按钮,在弹出的对话框内双击"Internet信息服务(IIS)管理器"选项,如图6-11所示。

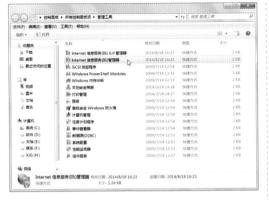

图6-11

(4)在"Default Web Site"选项中双击"ASP"图标,如图6-12所示。

图6-12

(5)将"启用父路径"属性设为"True",如图6-13所示。

图6-13

(6)在"Default Web Site"选项中单击鼠标

右键,选择"管理网站 > 高级设置"命令,如图6-14所示。在弹出的对话框中设置物理路径,如图6-15所示。设置完成后单击"确定"按钮。

图6-14

图6-15

(7)在"Default Web Site"选项中单击鼠标右键,选择"编辑绑定"命令,如图6-16所示。在弹出的"网站绑定"对话框中单击"添加"按钮,如图6-17所示,弹出"编辑网站绑定"对话框,如图6-18所示。设置完成后单击"确定"按钮返回到"网站绑定"对话框中,如图6-19所示,单击"关闭"按钮。

图6-16

图6-17

图6-18

图6-19

6.1.3 ASP语法基础

1. ASP文件结构

ASP文件以.asp为扩展名。在ASP文件中，可以包含以下内容。

（1）HTML标记：HTML标记语言包含的标记。

（2）脚本命令：包括VBScript或JavaScript脚本。

（3）ASP代码：位于"<%"和"%>"分界符之间的命令。在编写服务器端的ASP脚本时，也可以在<script>和</script>标记之间定义函数、方法和模块等，但必须在<script>标记内指定RunAT属性值为"Server"。如果忽略了RunAT属性，脚本将在客户端执行。

（4）文本：网页中说明性的静态文字。

下面给出一个简单的ASP程序，以了解ASP文件结构。

例如，输出当前系统日期、时间，代码如下。

```
<html>
<head>
<title>ASP程序</title>
</head>
<body>
当前系统日期时间为：<%=Now()%>
</body>
</html> Authenticated Users
```

运行以上程序代码，在浏览器中显示如图6-20所示的内容。

图6-20

以上代码是一个标准的HTML文件中嵌入ASP程序而形成的.asp文件。其中，<html>…</html>为HTML文件的开始标记和结束标记；<head>…</head>为HTML文件的头部标记，在头部标记之间，定义了标题标记<title>…</title>，用于显示ASP文件的标题信息；<body>…</body>为HTML文件的主体标记。文本内容"当前系统日期时间为"及"<%=Now()%>"都嵌入在<body>…</body>标记之间。

2. 声明脚本语言

在编写ASP程序时，可以声明ASP文件所使用的脚本语言，以通知Web服务器文件是使用何种脚本语言来编写程序的。声明脚本语言有3种方法。

（1）在IIS中设定默认ASP语言。

在"Internet信息服务（IIS）管理器"对话框中将"脚本语言"设为"VBScript"，如图6-21所示。

图6-21

（2）使用@LANGUAGE声明脚本语言。

在ASP处理指令中，可以使用LANGUAGE关键字在ASP文件的开始设置使用的脚本语言。使用这种方法声明的脚本语言，只作用于该文件，对其他文件不会产生影响。

语法：

`<%@LANGUAGE=scriptengine%>`

其中，scriptengine表示编译脚本的脚本引擎名称。Internet信息服务（IIS）管理器中包含两个脚本引擎，分别为VBScript和JavaScript。默认情况下，文件中的脚本将由VBScript引擎进行解释。

例如，在ASP文件的第一行设定页面使用的脚本语言为VBScript，代码如下。

`<%@language="VBScript"%>`

需要注意的是，如果在IIS服务器中设置的默认ASP语言为VBScript，且文件中使用的也是VBScript，则在ASP文件中可以不用声明脚本语言；如果文件中使用的脚本语言与IIS服务器中设置的默认ASP语言不同，则需使用@LANGUAGE处理指令声明脚本语言。

（3）通过<script>标记声明脚本语言。

通过设置<script>标记中的language属性值，可以声明脚本语言。需要注意的是，此声明只作用于<script>标记。

语法：

`<script language=scriptengine runat="server">`

`//脚本代码`

`</script>`

其中，scriptengine表示编译脚本的脚本引擎名称；runat属性值设置为server，表示脚本运行在服务器端。

例如，在<script>标记中声明脚本语言为javascript，并编写程序用于向客户端浏览器输出指定的字符串，代码如下。

`<script language="javascript"runat="server">`

`Response.write("Hello World!"); //调用Response`对象的write方法输出指定字符串

`</script>`

运行程序，效果如图6-22所示。

图6-22

3. ASP与HTML

在ASP网页中，ASP程序包含在"<%"和"%>"之间，并在浏览器打开网页时产生动态内容。它与HTML标记互相协作，构成动态网页。ASP程序可以出现在HTML文件中的任意位置，同时在ASP程序中也可以嵌入HTML标记。

编写ASP程序，通过Date()函数输出当天日期，并应用于<font>标记定义日期显示颜色，代码如下。

`<html>`

`<head>`

`<meta http-equiv="Content-Type" content="text/html; charset=gb2312"/>`

`<title>b</title>`

`</head>`

`<body>`

`今天是：`

`<%`

`Response.Write("<font color=red>")`

`Response.Write(Date())`

`Response.Write("</font>")`

`%>`

`</body>`

`</html>`

以上代码，通过Response对象的Write方法向浏览器端输出<font></font>标记以及当前系统日期。在IIS中浏览该文件，运行结果如图6-23所示。

图6-23

6.1.4 数组的创建与应用

数组是有序数据的集合。数组中的每一个元素都属于同一个数据类型，用一个统一的数组名和下标可以唯一地确定数组中的元素，下标放在紧跟在数组名之后的括号中。有一个下标的数组称为一维数组，有两个下标的数组称为二维数组，以此类推。数组的最大维数为60。

1. 创建数组

在VBScript中，数组有两种类型，即固定数组和动态数组。

● 固定数组。

固定数组是指数组大小在程序运行时不可改变的数组。在使用数组前必须先声明，使用Dim语句可以声明数组。

声明数组的语法格式如下。

Dim array(i)

在VBScript中，数组的下标是从0开始计数的，所以数组的长度应用"i+1"来计算。

例如，

Dim ary(3)

Dim db_array(5,10)

声明数组后，就可以对数组元素进行每个元素赋值。在对数组进行赋值时，必须通过数组的下标指明赋值元素的位置。

例如，在数组中使用下标为数组的每个元素赋值，代码如下。

Dim ary(3)

ary(0)="数学"

ary(1)="语文"

ary(2)="英语"

● 动态数组。

声明数组时也可能不指明它的下标，这样的数组叫作变长数组，也称作动态数组。动态数组的声明方法与固定数组的声明方法一样，唯一不同的是没有指明下标，格式如下。

Dim array()

虽然对动态数组进行声明时无须指明下标，但在使用它之前必须使用ReDim语句确定数组的维数。对动态数组重新声明的语法格式如下。

Dim array()

Redim array(i)

2. 应用数组函数

数组函数用于数组的操作。数组函数主要包括LBound函数、UBound函数、Split函数和Erase函数。

● LBound函数。

LBound函数用于返回一个Long型数据，其值为指定的数组维可用的最小下标。

语法：

LBound (arrayname[, dimension])

arrayname：必需的，表示数组变量的名称，遵循标准的变量命名约定。

dimension：可选的，类型为Variant (Long)。

指定返回下界的维度。1表示第一维，2表示第二维，如此类推。如省略dimension，则默认为1。

例如，返回数据组MyArray第二维的最小可用下标，代码如下。

```
<%
Dim MyArray(5,10)
Response.Write(LBound(MyArray,12))
%>
```

结果为：0

● UBound函数。

UBound函数用于返回一个 Long 型数据，其值为指定的数组维可用的最大下标。

语法：

UBound(arrayname[, dimension])

arrayname：必需的，表示数组变量的名称，遵循标准的变量命名约定。

dimension：可选的，Variant (Long)。

指定返回上界的维度。1表示第一维，2表示第二维，如此类推。如果省略dimension，则默认为1。

UBound函数与LBound 函数一起使用，用来确定一个数组的大小。LBound用来确定数组某一维的下界。

例如，返回数据组MyArray第二维的最大可用下标，代码如下。

```
<%
Dim MyArray(5,10)
Response.Write(UBound(MyArray,2))
%>
```

结果为：10

● Split函数。

Split函数用于返回一个下标从零开始的一维数组，它包含指定数目的子字符串。

语法：

Split(expression[,delimiter[, count[, compare]]])

expression：必需的，包含子字符串和分隔符的字符串表达式。如果expression是一个长度为零的字符串("")，Split则返回一个空数组，即没有元素和数据的数组。

delimiter：可选的，用于标识子字符串边界的字符串字符。如果忽略，则使用空格字符 (" ") 作为分隔符。如果delimiter是一个长度为零的字符串，则返回的数组仅包含一个元素，即完整的expression字符串。

count：可选的，表示要返回的子字符串数，-1表示返回所有的子字符串。

compare：可选的，数字值，表示判别子字符串时使用的比较方式。关于其值，请参阅"设置值"部分。

例如，读取字符串str中以符号"/"分隔的各子字符串，代码如下。

```
<%
Dim str,str_sub,i
str="ASP程序开发/VB程序开发/ASP.NET程序开发"
str_sub=Split(str,"/")
For i=0 to Ubound(str_sub)
Respone.Write(i+1&"."&str_sub(i)&"<br>")
Next
%>
```

结果为：

① ASP程序开发

② VB程序开发

③ ASP.NET程序开发

● Erase函数。

Erase函数用于重新初始化大小固定的数组的元素，以及释放动态数组的存储空间。

语法：

Erase arraylist

所需的 arraylist 参数是一个或多个用逗号隔开的需要清除的数组变量。

Erase函数是根据数组属于固定大小（常规的）数组还是动态数组，来采取完全不同的行为。Erase函数无须为固定大小的数组恢复内存。

例如，定义数组元素内容后，利用Erase函数释放数组的存储空间，代码如下。

```
<%
Dim MyArray(1)
MyArray(0)="网络编程"
Erase MyArray
If MyArray(0)= "" Then
Response.Write("数组资源已释放！")
Else
Response.Write(MyArray(0))
End If
```

%>

结果为：数组资源已释放！

6.1.5 流程控制语句

在VBScript语言中，有顺序结构、选择结构和循环结构3种基本程序控制结构。顺序结构是程序设计中的基本结构，在程序运行时，编译器总是按照先后顺序执行程序中的所有命令。通过选择结构和循环结构可以改变代码的执行顺序。本节介绍VBScript选择语句和循环语句。

1. 运用VBScript选择语句

● 使用if语句实现单分支选择结构。

if…then…end if语句称为单分支选择语句，可用于实现程序的单分支选择结构。该语句根据表达式结果是否为真，决定是否执行指定的命令序列。在VBScript中，if…then…end if语句的基本格式如下。

if条件语句then
…命令序列
end if

通常情况下，条件语句是使用比较运算符对数值或变量进行比较的表达式。执行该格式的命令时，首先对条件进行判断，若条件取值为真true，则执行命令序列。否则跳过命令序列，执行end if后的语句。

例如，判断给定变量的值是否为数字，如果为数字则输出指定的字符串信息，代码如下。

```
<%
Dim Num
Num=105
If IsNumeric(Num) then
Response.Write（"变量Num的值是数字！"）
end if
%>
```

● 使用if…then…else语句实现双分支选择结构。

if…then…else语句称为双分支选择语句，可用于实现程序的双分支选择结构。该语句根据条件语句的取值，执行相应的命令序列。基本格式如下。

if条件语句then
…命令序列1
else
…命令序列2
end if

执行该格式命令时，若条件语句为true，则执行命令序列1，否则执行命令序列2。

● 使用select case语句实现多分支选择结构。

select case语句称为多分支选择语句，该语句可以根据条件表达式的值，决定执行的命令序列。应用select case语句实现的功能，相当于嵌套使用if语句实现的功能。select case语句的基本格式如下。

```
select case变量或表达式
    case结果1
            命令序列1
    case结果2
            命令序列2
    …
    case结果n
            命令序列n
    case else结果n
            命令序列n+1
end select
```

在select case语句中，首先对表达式进行计算，可以进行数学计算或字符串运算。然后将运算结果依次与结果1到结果n进行比较，如果找到相等的结果，则执行对应的case语句中的命令序列；如果未找到相同的结果，则执行case else语句后面的命令序列。执行命令序列后，退出select case语句。

2. 运用VBScript循环语句

（1）do…loop循环控制语句。

do…loop语句当条件为true或条件变为true之前重复执行某语句块。根据循环条件出现的位置，do…loop语句的语法格式分为以下两种形式。

● 循环条件出现在语句的开始部分。

do while条件表达式

    循环体

Loop

或者

do until条件表达式

    循环体

Loop

● 循环条件出现在语句的结尾部分。

do

    循环体

loop until条件表达式

其中的while和until关键字的作用正好相反，while是当条件为true时，执行循环体，而until是当条件为false时，执行循环体。

在do…loop语句中，条件表达式在前与在后的区别是：当条件表达式在前时，表示在循环条件为真时，才能执行循环体；而条件表达式在后时，表示无论条件是否满足都至少执行一次循环体。

在do…loop语句中，还可以使用强行退出循环的指令exit do，此语句可以放在do…loop语句中的任意位置，它的作用与for语句中的exit for相同。

（2）while…wend循环控制语句。

while…wend语句是当前指定的条件为true时执行一系列的语句。该语句与do…loop循环语句相似。while…wend语句的语法格式如下。

while condition

[statements]

Wend

condition：数值或字符串表达式，其计算结果为true或false。如果condition为null，则condition返回false。

statements：在条件为true时执行的一条或多条语句。

在while…wend语句中，如果condition为true，则statements中所有wend语句之前的语句都将被执行，然后控制权将返回到while语句，并且重新检查condition。如果condition仍为true，则重复执行上面的过程；如果condition为false，则从wend语句之后的语句继续执行程序。

（3）for…next循环控制语句。

for…next语句是一种强制型的循环语句，它指定次数重复执行一组语句，语法格式如下。

for counter=start to end [step number]

    statement

    [exit for]

Next

counter：用作循环计数器的数值变量。start和end分别是counter的初始值和终止值。Number为counter的步长，决定循环的执行情况，可以是正数或负数，其默认值为1。

statement：表示循环体。

exit for：为for…next提供了另一种退出循环的方法，可以在for…next语句的任意位置放置exit for。exit for语句经常和条件语句一起使用。

exit for语句可以嵌套使用，即可以把一个for…next循环放置在另一个for…next循环中，此时每个循环中的counter要使用不同的变量名。例如，

for i =0 to 10

    for j=0 to 10

        …

    next

...

Next

（4）for each…next循环控制语句。

for each…next语句主要针对数组或集合中的每个元素重复执行一组语句。虽然也可以用for each…next语句完成任务，但是如果不知道一个数组或集合中有多少个元素，使用for each…next语句循环语句则是较好的选择，语法格式如下。

for each 元素 in 集合或数组

   循环体

    [exit for]

Next

（5）exit退出循环语句。

exit语句主要用于退出do…loop、for…next、function或sub代码块，语法格式如下。

exit do

exit for

exit function

exit sub

exit do：提供一种退出Do…Loop循环的方法，并且只能在Do…Loop循环中使用。

exit for：提供一种退出for循环的方法，并且只能在For…Next或For Each…Next循环中使用。

exit function：立即从包含该语句的Function过程中退出。程序会从调用 Function 的语句之后的语句继续执行。

exit property：立即从包含该语句的Property过程中退出。程序会从调用Property过程的语句之后的语句继续执行。

exit sub：立即从包含该语句的Sub过程中退出。程序会从调用Sub过程的语句之后的语句继续执行。

6.2 ASP内置对象

为了实现网站的常见功能，ASP提供了内置对象。内置对象的特点是不需要事先声明或者创建一个例，可以直接使用。常见的内置对象主要包括Request对象、Response对象、Application对象、Session对象、Server对象和ObjectContext对象。

命令介绍

使用内置对象获取表单数据。

6.2.1 课堂案例——网球俱乐部网页

【案例学习目标】使用Request对象获取表单数据。

【案例知识要点】使用"代码显示器"窗口输出代码，使用Request对象获取表单数据，如图6-24所示。

【效果所在位置】Ch06/效果/网球俱乐部网页/ code.asp。

图6-24

（1）选择"文件 > 打开"命令，在弹出的"打开"对话框中，选择本书学习资源中的"Ch06 > 素材 > 网球俱乐部网页 > index.asp"文件，单击"打开"按钮打开文件，如图6-25所示。将光标置于图6-26所示的单元格中。

图6-25

图6-26

（2）按F10键，弹出"代码显示器"窗口，在光标所在的位置输入代码，如图6-27所示，文档窗口如图6-28所示。

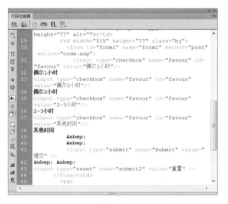

图6-27

图6-28

（3）选择"文件 > 打开"命令，在弹出的"打开"对话框中，选择本书学习资源中的"Ch06 > 素材 > 网球俱乐部网页 > code.asp"文件，单击"打开"按钮打开文件。将光标置于图6-29所示的单元格中。在"代码显示器"窗口中输入代码，如图6-30所示。

图6-29

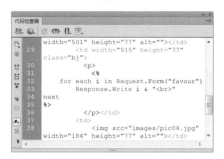

图6-30

（4）保存文档，在IIS浏览器中查看index.asp文件，如图6-31和图6-32所示。

图6-31

图6-32

6.2.2 Request请求对象

在客户端/服务器结构中，当客户端Web页面向网站服务器传递信息时，ASP通过Request对象能够获取客户提交的全部信息。信息包括客户端用户的HTTP变量在网站服务器端存放的客户端浏览器的Cookie数据、附于URL之后的字符串信息、页面中表单传送的数据以及客户端的认证等。

Request对象语法：

Request [.collection | property | method] (variable)

Collection：数据集合。

Property：属性。

Method：方法。

Variable：是由字符串定义的变量参数，指定要从集合中检索的项目或者作为方法和属性的输入。

使用request对象时，collection、property和method可选1个或者3个都不选，此时按以下顺序搜索集合：QueryString、form、cookie、Servervariable和ClientCertificate。

例如，使用request对象的QueryString数据集合取得传递值参数parameter值并赋给变量id

```
<%
dim id
 id=request.querystring("parameter")
%>
```

Request对象包括5个数据集合、1个属性和1个方法，如表6-1所示。

表6-1

成　员	描　述
数据集合 form	读取HTML表单域控件的值，即读取客户浏览器上以post方法提交的数据
数据集合 querystring	读取附于URL地址后的字符串值，获取get方式提交的数据
数据集合 cookies	读取存放在客户端浏览器Cookies的内容
数据集合 servervariable	读取客户端请求发出的HTTP报头值以及Web服务器的环境变量值

续表

成　员	描　述
数据集合 Clientcertificate	读取客户端的验证字段
属性 totalbytes	返回客户端发出请求的字节数量
方法 binaryread	以二进制方式读取客户端使用post方法所传递的数据，并返回一个变量数组

1. 获取表单数据

检索表单数据：表单是html文件的一部分，提交输入的数据。

在含有ASP动态代码的Web页面中，使用request对象的form集合收集来自客户端的以表单形式发送到服务器的信息。

语法：

Request.form(element)[(index)|.count]

Element：集合要检索的表单元素的名称。

Index：用来取得表单中名称相同的元素值。

Count：集合中相同名称元素的个数。

一般情况下，传递大量数据使用post方法，通过form集合来获得表单数据。用get方法传递数据时，通过request对象的querystring集合来获得数据。

数据和读取数据的对应关系如表6-2所示。

表6-2

提交方式	读取方式
Method=Post	Request.Form()
Method=Get	Request.QueryString()

在index.asp文件中建立表单，在表单中插入文本框及按钮。当用户在文本框中输入数据并单击提交按钮时，在code.asp页面中通过Request对象的Form集合获取表单传递的数据并输出。

文件index.asp中代码如下。

```
<form id="form1" name="form1" method ="post"action="code.asp">
```

```html
<p>用户名：
<input type="text"name="txt_username"id="txt_username"/>
</p>
<p>密码:
<input type="password"name="txt_pwd"id="txt_pwd"/>
</p>
<p>
<input type="submit" name="Submit" id="button" value="提交" />
   
<input type="reset" name="Submit2" id="button2" value="重置" />
</p>
</form>
```

文件code.asp中的代码如下。

```html
<p>用户名为：<%=Request.Form("txt_username")%>
<P>密码为：<%=Request.Form("txt_pwd")%>
```

在IIS浏览器中查看index.asp文件，运行结果如图6-33和图6-34所示。

图6-33

图6-34

当表单中的多个对象具有相同名称时，可以利用Count属性获取具有相同名称对象的总数，然后加上一个索引值取得相同名称对象的不同内容值。也可以用"for each…next"语句来获取相同名称对象的不同内容值。

2. 检索查询字符串

利用querystring可以检索HTTP查询字符串中变量的值。HTTP查询字符串中的变量可以直接定义在超链接的url地址中的"？"字符之后。

例如，http://www.ptpress.com.cn/? name= wang。

如果传递多个参数变量，用"&"作为分隔符隔开。

语法：request.querystring(varible)[(index)|.count]。

variable：指定要检索的http查询字符串中的变量名。

index：用来取得http查询字符串中相同变量名的变量值。

count：http查询字符串中的相同名称变量的个数。

有两种情况需要在服务器端指定利用querystring 数据集合取得客户端传送的数据。

● 在表单中通过get方式提交的数据。

用此方法提交的数据与form数据集合相似，利用querystring数据集合可以取得在表单中以get方式提交的数据。

● 利用超链接标记<a>传递的参数。

取得标记<a>所传递的参数值。

3. 获取服务器端环境变量

利用Request对象的ServerVariables数据集合可以取得服务器端的环境变量信息。这些信息包括发出请求的浏览器信息、构成请求的HTTP方法、用户登录Windows NT的账号、客户端的IP地址等。服务器端环境变量对ASP程序有很大的帮助，使程序能够根据不同情况进行判断，提高了程序的健壮性。服务器环境变量是只读变量，只能查看，不能设置。

语法：

Request.ServerVariables(server_environment_variable)

server_environment_variable：服务器环境变量。

服务器环境变量列表如表6-3所示。

表6-3

服务器环境变量	描 述
ALL_HTTP	客户端发送的所有HTTP标题文件
ALL_RAW	检索未处理表格中所有的标题。ALL_RAW 和 ALL_HTTP 不同，ALL_HTTP 在标题文件名前面放置 HTTP_ prefix，并且标题名称总是大写的。使用 ALL_RAW 时，标题名称和值只在客户端发送时才出现
APPL_MD_PATH	检索 ISAPI DLL 的 (WAM) Application 的元数据库路径
APPL_PHYSICAL_PATH	检索与元数据库路径相应的物理路径。IIS 通过将 APPL_MD_PATH 转换为物理（目录）路径以返回值
AUTH_PASSWORD	该值输入到客户端的鉴定对话中。只有使用基本鉴定时，该变量才可用
AUTH_TYPE	这是用户访问受保护的脚本时，服务器用于检验用户的验证方法
AUTH_USER	未被鉴定的用户名
CERT_COOKIE	客户端验证的唯一 ID，以字符串方式返回。可作为整个客户端验证的签字
CERT_FLAGS	如有客户端验证，则 bit 0 为 1 如果客户端验证的验证人无效（不在服务器承认的 CA 列表中），bit1 被设置为 1
CERT_ISSUER	用户验证中的颁布者字段（O=MS，OU=IAS，CN=user name，C=USA）
CERT_KEYSIZE	安全套接层连接关键字的位数，如 128
CERT_SECRETKEYSIZE	服务器验证私人关键字的位数，如 1024
CERT_SERIALNUMBER	用户验证的序列号字段
CERT_SERVER_ISSUER	服务器验证的颁发者字段
CERT_SERVER_SUBJECT	服务器验证的主字段
CERT_SUBJECT	客户端验证的主字段
CONTENT_LENGTH	客户端发出内容的长度
CONTENT_TYPE	内容的数据类型。同附加信息的查询一起使用，如 HTTP 查询 GET、POST 和 PUT
GATEWAY_INTERFACE	服务器使用的 CGI 规格的修订，格式为 CGI/revision
HTTP_<HeaderName>	存储在标题文件中的值。未列入该表的标题文件必须以 HTTP_ 作为前缀，以使 ServerVariables 集合检索其值 注意，服务器将 HeaderName 中的下划线（_）解释为实际标题中的破折号。例如，如果用户指定 HTTP_MY_HEADER，服务器将搜索以 MY-HEADER 为名发送的标题文件
HTTPS	如果请求穿过安全通道（SSL），则返回ON。如果请求来自非安全通道，则返回OFF

续表

服务器环境变量	描　　述
HTTPS_KEYSIZE	安全套接层连接关键字的位数，如 128
HTTPS_SECRETKEYSIZE	服务器验证私人关键字的位数，如 1024
HTTPS_SERVER_ISSUER	服务器验证的颁发者字段
HTTPS_SERVER_SUBJECT	服务器验证的主字段
INSTANCE_ID	文本格式 IIS 实例的 ID。如果实例 ID 为 1，则以字符形式出现。使用该变量可以检索请求所属的（元数据库中）Web 服务器实例的 ID
INSTANCE_META_PATH	响应请求的 IIS 实例的元数据库路径
LOCAL_ADDR	返回接受请求的服务器地址。在绑定多个 IP 地址的多宿主机器上查找请求所使用的地址时，这条变量非常重要
LOGON_USER	用户登录 Windows NT® 的账号
PATH_INFO	客户端提供的额外路径信息。可以使用这些虚拟路径和 PATH_INFO 服务器变量访问脚本。如果该信息来自 URL，在到达 CGI 脚本前就已经由服务器解码了
PATH_TRANSLATED	PATH_INFO 转换后的版本，该变量获取路径并进行必要的由虚拟至物理的映射
QUERY_STRING	查询 HTTP 请求中问号（?）后的信息
REMOTE_ADDR	发出请求的远程主机的 IP 地址
REMOTE_HOST	发出请求的主机名称。如果服务器无此信息，它将设置为空的 MOTE_ADDR 变量
REMOTE_USER	用户发送的未映射的用户名字符串。该名称是用户实际发送的名称，与服务器上验证过滤器修改过后的名称相对
REQUEST_METHOD	该方法用于提出请求。相当于用于 HTTP 的 GET、HEAD、POST 等
SCRIPT_NAME	执行脚本的虚拟路径。用于自引用的 URL
SERVER_NAME	出现在自引用 URL 中的服务器主机名、DNS 化名或 IP 地址
SERVER_PORT	发送请求的端口号
SERVER_PORT_SECURE	包含 0 或 1 的字符串。如果安全端口处理了请求，则为 1，否则为 0
SERVER_PROTOCOL	请求信息协议的名称和修订，格式为 protocol/revision
SERVER_SOFTWARE	应答请求并运行网关的服务器软件的名称和版本。格式为 name/version
URL	提供 URL 的基本部分

4. 以二进制码方式读取数据

（1）Request对象的TotalBytes属性。

Request对象的TotalBytes属性，为只读属性，用于取得客户端响应的数据字节数。

语法：

Counter=Request.TotalBytes

Counter：用于存放客户端送回的数据字节大小的变量。

（2）Request对象的BinaryRead方法。

Request对象提供一个BinaryRead方法，用于以二进制码方式读取客户端使用Post方式所传递的数据。

语法：

Variant 数据=Request.BinaryRead(Count)

Count：是一个整型数据，用以表示每次读取数据的字节大小，范围介于0到TotalBytes属性取回的客户端送回的数据字节大小。

BinaryRead方法的返回值是通用变量数组（Variant Array）。

BinaryRead方法一般与TotalBytes属性配合使用，以读取提交的二进制数据。

例如，以二进制码方式读取数据，代码如下。

```
<%
Dim Counter,arrays(2)
Counter=Request.TotalBytes '获得客户端发送
的数据字节数
arrays(0)=Request.BinaryRead(Counter)'以二进
制码方式读取数据
%>
```

6.2.3 Response响应对象

Response对象用来访问所创建并返回客户端的响应。可以使用Response对象控制发送给用户的信息，包括直接发送信息给浏览器，重定向浏览器到另一个URL或设置Cookie的值。Response对象提供了标识服务器和性能的HTTP变量，发送给浏览器的信息内容和任何将在Cookies中存储的信息。

Response对象只有一个集合——Cookies，该集合用于设置希望放置在客户系统上的Cookies的值，它对应Response.Cookies集合。Response对象的Cookies集合用于在当前响应中，将Cookies值发送到客户端，该集合访问方式为只写。

Response对象的语法如下。

Response.collection | property | method

Collection：response对象的数据集合。

Property：response对象的属性。

Method：response对象的方法。

例如，使用Response对象的Cookies数据集合设置客户端的Cookies关键字并赋值，代码如下：

```
<%
response.cookies("user")="编程"
%>
```

Response对象与一个http响应对应，通过设置其属性和方法可以控制如何将服务器端的数据发送到客户端浏览器。Response对象成员如表6-4所示。

表6-4

成　员	描　述
数　据　集　合 Cookies	设置客户端浏览器的cookie值
属性buffer	输出页是否被缓冲
属性cachecontrol	代理服务器能否缓存asp生成的页
属性status	服务器返回的状态行的值
属性contenttype	指定响应的http内容类型
属性charset	将字符集名称添加到内容类型标题中
属性expires	浏览器缓存页面超时前，指定缓存时间
属性 expiresabsolute	指定浏览器上缓存页面超过的日期和时间

续表

成员	描述
属性 Isclientconneted	表明客户端是否跟服务器断开
属性PICS	将pics标记的值添加到响应的标题的pics标记字段中
方法write	直接向客户端浏览器输出数据
方法end	停止处理.asp文件并返回当前结果
方法redirect	重定向当前页面,连接另一个url
方法clear	清除服务器缓存的html信息
方法flush	立即输出缓冲区的内容
方法binarywrite	按字节格式向客户端浏览器输出数据,不进行任何字符集的转换
方法addheader	设置html标题
方法appendtolog	在Web服务器的日志文件中记录日志

1. 将信息从服务器端直接发送给客户端

Write方法是response对象常用的响应方法,将指定的字符串信息从server端直接输送给client端,实现在client端动态显示内容。

语法:

response.write variant

variant:输出到浏览器的变量数据或者字符串。

在页面中插入一个简单的输出语句时,可以用简化写法,代码如下。

- <%="输出语句"%>
- <%response.write"输出语句"%>

2. 利用缓冲输出数据

Web服务器响应客户端浏览器的请求时,是以信息流的方式将响应的数据发送给客户浏览器,发送过程是先返回响应头,再返回正式的页面。在处理ASP页面时,信息流的发送方式则是生成一段页面就立即发出一段信息流返回给浏览器。

ASP提供了另一种发送数据的方式,即利用缓存输出。缓存输出Web服务器生成ASP页面时,等ASP页面全部处理完成之后,再返回用户请求。

(1)使用缓冲输出。

- Buffer属性。
- Flush方法。
- Clear方法。

(2)设置缓冲的有效期限。

- CacheControl属性。
- Expires属性。
- ExpiresAbsolute属性。

3. 重定向网页

网页重定向是指从一个网页跳转到其他页面。应用Response对象的Redirect方法可以将客户端浏览器重定向到另一个Web页面。如果需要从当前网页转移到一个新的URL,而不用经过用户单击超链接或者搜索URL,此时可以使用该方法使用浏览器直接重定向到新的URL。

语法:

Response.Redirect URL

URL:资源定位符,表示浏览器重定向的目标页面。

调用Redirect方法,将会忽略当前页面所有的输出而直接定向到被指定的页面,即在页面中显示设置的响应正文内容都被忽略。

4. 向客户端输出二进制数据

利用binarywrite可以直接发送二进制数据,不需要进行任何字符集转换。

语法:

response.binarywrite variable

Variable:是一个变量,它的值是要输出的二进制数据,一般是非文字资料,如图像文件和声音文件等。

5. 使用cookies在客户端保存信息

Cookies是一种将数据传送到客户端浏览器的

文本句式，能将数据保存在客户端硬盘上，实现与某个Web站点持久保持会话。Response对象跟request对象都包含该数据。Request.cookies是一系列cookies数据，同客户端http request一起发给Web服务器；而response.cookies则是把Web服务器的cookies发送到客户端。

（1）写入cookies。

向客户端发送cookies的语法：

Response.cookies("cookies名称")[("键名值").属性]=内容（数据）

必须放在发送给浏览器的html文件的<html>标记之前。

（2）读取cookies。

读取时，必须使用request对象的cookies集合。

语法：

<% =request.cookies("cookies名称")%>。

6.2.4 Session会话对象

用户可以使用 Session 对象存储特定会话所需的信息。这样，当用户在应用程序的 Web 页之间跳转时，存储在 Session 对象中的变量将不会丢失，而是在整个用户会话中一直存在下去。

当用户请求来自应用程序的 Web 页时，如果该用户还没有会话，则 Web 服务器将自动创建一个 Session 对象。当会话过期或被放弃后，服务器将终止该会话。

语法：

Session.collection|property|method

collection：session对象的集合。

property：session对象的属性。

method：session对象的方法。

Session对象可以定义会话级变量。会话级变量是一种对象级的变量，隶属于session对象，它的作用域等同于session对象的作用域。

例如，<% session("username")="userli"%>。

Session对象的成员如表6-5所示。

表6-5

成 员	描 述
集合contents	包含通过脚本命令添加到应用程序中的变量、对象
集合 staticobjects	包含由<object>标记添加到会话中的对象
属性sessionID	存储用户的SessionID信息
属性timeout	Session的有效期，以分钟为单位
属性codepage	用于符号映射的代码页
属性LCID	现场标识符
方法abandon	释放session对象占用的资源
事件session_onstart	尚未建立会话的用户请求访问页面时，触发该事件
事件 session_onend	会话超时或会话被放弃时，触发该事件

1. 返回当前会话的唯一标识符

SessionID自动为每一个session对象分配不同的编号，返回用户的会话标识。

语法：

Session.sessionID

此属性返回一个不重复的长整型数字。

例如，返回用户会话标识，代码如下。

<% Response.Write Session.SessionID %>

2. 控制会话的结束时间

Timeout用于会话定义有效访问时间，以分钟为单位。如果用户在有效的时间没有进行刷新或请求一个网页，该会话结束，在网页中可以根据需要修改，代码如下。

<%

Session.Timeout=10

Response.Write "设置会话超时为：" & Session.Timeout & "分钟"

%>

3. 应用Abandon方法清除session变量

用户结束使用session变量时，应当清除session对象。

语法：

session.abandon

如果程序中没有使用abandon，session对象在timeout规定时间到达后，将被自动清除。

6.2.5 Application应用程序对象

ASP程序是在Web服务器上执行的，在Web站点中创建一个基于ASP的应用程序之后，可以通过Application对象在ASP应用程序的所有用户之间共享信息。也就是说，Application对象中包含的数据可以在整个Web站点中被所有用户使用，并且可以在网站运行期间持久保存数据。用Application对象可以完成统计网站的在线人数，创建多用户游戏以及多用户聊天室等功能。

语法：

Application.collection | method

collection：Application对象的数据集合。

method：Application对象的方法。

Application对象可以定义应用级变量。应用级变量是一种对象级的变量，隶属于Application对象，它的作用域等同于Application对象的作用域。

例如，<%application("username")="manager" %>

Application对象的主要功能是为Web应用程序提供全局性变量。

Application的对象成员如表6-6所示。

表6-6

成 员	描 述
集合contents	Application层次的所有可用的变量集合，不包括<object>标记建立的变量
集合staticobjects	在global.asa文件中通过<object>建立的变量集合
方法contents.remove	从Application对象的contents集合中删除一个项目
方法contents.removeall	从Application对象的contents集合中删除所有项目
方法lock	锁定Application变量
方法unlock	解除Application变量的锁定状态
事件session_onstart	当应用程序的第一个页面被请求时，触发该事件
事件session_onend	当Web服务器关闭时这个事件中的代码被触发

1. 锁定和解锁Application对象

可以利用Application对象的Lock和Unlock方法确保在同一时刻只有一个用户可以修改和存储Application对象集合中的变量值。前者用来避免其他用户修改Application对象的任何变量，而后者则是允许其他用户对Application对象的变量进行修改，如表6-7所示。

表6-7

方 法	用 途
Lock	禁止非锁定用户修改Application对象集合中的变量值
Unlock	允许非锁定用户修改Application对象集合中的变量值

2. 制作网站计数器

Global.asa文件是用来存放执行任何ASP应用程序期间的Application、Session事件程序，当Application或者Session对象被第一次调用或者结束时，就会执行该Global.asa文件内的对应程序。

一个应用程序只能对应一个Global.asa文件，该文件只有存放在网站的根目录下才能正常运行。

Global.asa文件的基本结构如下。

```
<Script Language="VBScript" Runat="Server">
Sub Application_OnStart
…
End Sub
Sub Session_OnStart
…
End Sub
Sub Session_OnEnd
…
End Sub
Sub Application_OnEnd
…
End Sub
</Script>
```

Application_OnStart事件：是在ASP应用程序中的ASP页面第一次被访问时引发的。

Session_OnStart事件：是在创建Session对象时触发的。

Session_OnEnd事件：是在结束Session对象时触发的，即会话超时或者是会话被放弃时引发该事件。

Application_OnEnd事件：是在Web服务器被关闭时触发的，即结束Application对象时引发该事件。

在Global.asa文件中，用户必须使用ASP所支持的脚本语言并且定义在<Script>标记之内，不能定义非Application对象或者Session对象的模板，否则将产生执行上的错误。

通过在Global.asa文件的Application_OnStart事件中定义Application变量，可以统计网站的访问量。

6.2.6 Server服务对象

Server对象提供对服务器访问的方法和属性，大多数方法和属性是作为实用程序的功能提供的。

语法：

server.property|method

property：Server对象的属性。

Method：Server对象的方法。

例如，通过Server对象创建一个名为Conn的ADO的Connection对象实例，代码如下。

```
<%
Dim Conn
Set Conn=Server.CreateObject("ADODB.Connection")
%>
```

Server对象的成员如表6-8所示。

表6-8

成 员	描 述
属性 ScriptTimeOut	该属性用来规定脚本文件执行的最长时间。如果超出最长时间还没有执行完毕，就自动停止执行，并显示超时错误
方法 CreateObject	用于创建组件、应用程序或脚本对象的实例，利用它就可以调用其他外部程序或组件的功能
方法 HTMLEncode	可以将字符串中的特殊字符（<、>和空格等）自动转换为字符实体
方法 URLEncode	用来转化字符串，不过它是按照URL规则对字符串进行转换的。按照该规则的规定，URL字符串中如果出现"空格、?、&"等特殊字符，则接收端有可能接收不到准确的字符，因此就需要进行相应的转换
方法MapPath	可以将虚拟路径转化为物理路径
方法Execute	用来停止执行当前网页，转到执行新的网页，执行完毕后返回原网页，继续执行Execute方法后面的语句
方法 Transfer	该方法和Execute方法非常相似，唯一的区别是执行完新的网页后，并不返回原网页，而是停止执行过程

1. 设置ASP脚本的执行时间

Server对象提供了一个ScriptTimeOut属性，ScriptTimeOut属性用于获取和设置请求超时。ScriptTimeOut属性是指脚本在结束前最多可运行多长时间，该属性可用于设置程序能够运行的最长时间。当处理服务器组件时，超时限制将不再生效，代码如下。

Server.ScriptTimeout=NumSeconds

NumSeconds用于指定脚本在服务器结束前最多可运行的秒数，默认值为90秒。可以在Internet信息服务器管理单元的"应用程序配置"对话框中更改这个默认值，如果将其设置为-1，则脚本将永远不会超时。

2. 创建服务器组件实例

调用Server对象的CreateObject方法可以创建服务器组件的实例，CreateObject方法可以用来创建已注册到服务器上的ActiveX组件实例，这样可以通过使用ActiveX服务器组件扩展ASP的功能，实现一些仅依赖脚本语言所无法实现的功能。建立在组件对象模型上的对象，ASP有标准和函数调用接口，只要在操作系统上登记注册了组件程序，COM就会在系统注册表里维护这些资源，以供程序员调用。

语法：

Server.CreateObject(progID)

progID：指定要创建的对象的类型，格式如下。

[Vendor.] component[.Version]。

Vendor：表示拥有该对象的应用名。

component：表示该对象组件的名字。

Version：表示版本号。

例如，创建一个名为FSO的FileSyestemObject对象实例，并将其保存在Session对象变量中，代码如下。

```
<%
Dim FSO=Server.CreateObject("Scripting.
FilleSystemObject")
    Session("ofile")=FSO
%>
```

CreateObject方法仅能用来创建外置对象的实例，不能用来创建系统的内置对象实例。用该方法建立的对象实例仅在创建它的页面中是有效的，即当处理完该页面程序后，创建的对象会自动消失。若想在其他页面引用该对象，可以将对象实例存储在Session对象或者Application对象中。

3. 获取文件的真实物理路径

Server对象的MapPath方法将指定的相对、虚拟路径映射到服务器上相应的物理目录。

语法：

Server.MapPath(string)

String：用于指定虚拟路径的字符串。

虚拟路径如果是以"\"或"/"开始表示，MapPath方法将返回服务器端的宿主目录。如果虚拟路径以其他字符开头，MapPath方法将把这个虚拟路径视为相对路径，相对于当前调用MapPath方法的页面，返回其他物理路径。

若想取得当前运行的ASP文件所在的真实路径，可以使用Request对象的服务器变量PATH_INFO来映射当前文件的物理路径。

4. 输出HTML源代码

HTMLEncode方法用于对指定的字符串采用HTML编码。

语法：

Server.HTMLEncode(string)

string：指定要编码的字符串。

当服务器端向浏览器输出HTML标记时，浏览器将其解释为HTML标记，并按照标记指定的格式显示在浏览器上。使用HTMLEncode方法可以实现在浏览器中原样输出HTML标记字符，即浏览器不对这些标记进行解释。

HTMLEncode方法可以将指定的字符串进行HTML编码，将字符串中的HTML标记字符转换为实体。例如，HTML标记字符"<"和">"编码转化为">"和"<"。

6.2.7 ObjectContext事务处理对象

ObjectContext对象是一个以组件为主的事务处理系统，可以保证事务的成功完成。使用ObjectContext对象，允许程序在网页中直接配合Microsoft Transaction Server(MTS)使用，从而可以管理或开发高效率的Web服务器应用程序。

事务是一个操作序列，这些序列可以视为一个整体。如果其中的某一个步骤没有完成，所有与该操作相关的内容都应该取消。

事务用于提供对数据库进行可靠的操作。

在ASP中使用@TRANSACTION关键字来标识正在运行的页面要以MTS事务服务器来处理。

语法：

<%@TRANSACTION=value%>

其中@TRANSACTION的取值有4个，如表6-9所示。

表6-9

值	描　　述
Required	开始一个新的事务或加入一个已经存在的事务处理中
Required_New	每次都是一个新的事务
Supported	加入到一个现有的事务处理中，但不开始一个新的事务
Not_Supported	既不加入也不开始一个新的事务

ObjectContext对象提供了两个方法和两个事件控制ASP的事务处理。ObjectContext对象的成员如表6-10所示。

表6-10

成员	描　　述
方法SetAbort	终止当前网页所启动的事务处理，将事务先前所做的处理撤销到初始状态
方法SetComplete	成功提交事务，完成事务处理
事件OnTransactionAbort	事务终止时触发的事件
事件OnTransactionCommit	事务成功提交时触发的事件

SetAbort方法将终止目前这个网页所启动的事务处理，而且将此事务先前所做的处理撤销到初始状态，即事务"回滚"，SetComplete方法将终止目前这个网页所启动的事务处理，而且将成功地完成事务的提交。

语法：

'SetComplete方法

ObjectContext.SetComplete

'SetAbort方法

ObjectContext.SetAbort

ObjectContext对象提供了OnTransactionCommit和OnTransactionAbort两个事件处理程序，前者是在事务完成时被激活，后者是在事务失败时被激活。

语法：

Sub OnTransactionCommit()

'处理程序

End Sub

Sub OnTransactionAbort()

'处理程序

End sub

课堂练习——五谷杂粮网页

【练习知识要点】使用"Form集合"命令，获取表单数据，如图6-35所示。

【素材所在位置】Ch06/素材/五谷杂粮网页/images。

【效果所在位置】Ch06/效果/五谷杂粮网页/code.asp。

图6-35

课后习题——节能环保网页

【习题知识要点】使用"Response"对象的Write方法，向浏览器端输出标记显示日期，如图6-36所示。

【素材所在位置】Ch06/素材/节能环保网页/images。

【效果所在位置】Ch06/效果/节能环保网页/index.asp。

图6-36

第 7 章

使用层

本章介绍

如果用户想在网页上实现多个元素重叠的效果，可以使用层。层是网页中的一个区域，并且游离在文档之上。利用层可精确定位和重叠网页元素。通过设置不同层的显示或隐藏，可以实现特殊的效果。因此，在掌握层技术之后，在进行网页制作时就拥有了强大的页面控制能力。

学习目标

◆ 了解层的基本操作。
◆ 熟悉应用层设计表格的方法。

技能目标

◆ 熟练掌握 "投资理财网页" 的制作方法。
◆ 熟练掌握 "信业融资网页" 的制作方法。

7.1 层的基本操作

层作为网页的容器元素，不仅可在其中放置图像，还可以放置文字、表单、插件、层等网页元素。在CSS层中，用DIV、SPAN标志标志层。在NETSCAPE层中，用LAYER标志标志层。虽然层有强大的页面控制功能，但操作却很简单。

命令介绍

调整层的大小：调整单个或多个层的大小。

移动层：可以调整一个或多个层的位置。

7.1.1 课堂案例——投资理财网页

【案例学习目标】使用"插入"面板"布局"选项卡中的按钮绘制层；使用"窗口"菜单命令选择层；使用"属性"面板设置层的背景颜色。

【案例知识要点】使用"绘制AP Div"按钮，绘制层；使用"属性"面板，设置层的属性；使用"AP元素"面板，选择层；使用"图像"按钮，在绘制的图层中插入图像，如图7-1所示。

【效果所在位置】Ch07/效果/投资理财网页/index.html。

图7-1

（1）选择"文件 > 打开"命令，在弹出的"打开"对话框中，选择本书学习资源中的"Ch07 > 素材 > 投资理财网页 > index.html"

文件，单击"打开"按钮打开文件，如图7-2所示。

图7-2

（2）单击"插入"面板"布局"选项卡中的"绘制AP Div"按钮，在页面中拖曳鼠标绘制出一个矩形层，如图7-3所示。

图7-3

（3）选择"窗口>AP元素"命令，打开"AP元素"面板，如图7-4所示。在面板中单击"apDiv1"，如图7-5所示，将层选中，如图7-6所示。

图7-4　　　　　　　　　图7-5

图7-6

（4）在"属性"面板中，将"宽"选项设为
325px，"高"选项设为185px，"左"选项设为
165px，"上"选项设为197px，其他选项的设置
如图7-7所示，效果如图7-8所示。

图7-7

图7-8

（5）将光标置入该层中，如图7-9所示，单
击"插入"面板"常用"选项卡中的"图像"按
钮，在弹出的"选择图像源文件"对话框中，

选择本书学习资源中的"Ch07 > 素材 > 投资理
财网页 > images"文件夹中的"img_01.png"文
件，单击"确定"按钮，完成图片的插入，效果
如图7-10所示。

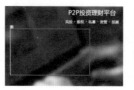

图7-9　　　　　　　　　图7-10

（6）用上述的方法再次绘制3个层，分别在
"属性"面板中设置相应的属性，并插入相应的
图像，效果如图7-11所示。

图7-11

（7）保存文档，按F12键预览效果，如图
7-12所示。

图7-12

7.1.2 创建层

1. 创建层

若想利用层来定位网页元素，先要创建层，再根据需要在层内插入其他表单元素。有时为了布局，还可以显示或隐藏层边框。

创建层有以下4种方法。

① 单击"插入"面板"布局"选项卡中的"绘制AP Div"按钮，在文档窗口中，鼠标指针变为"+"形状，按住鼠标左键拖曳，画出一个矩形层，如图7-13所示。

② 将"插入"面板"布局"选项卡中的"绘制AP Div"按钮拖曳到文档窗口中，松开鼠标左键，在文档窗口中出现一个矩形层，如图7-14所示。

③ 将光标放置到文档窗口中要插入层的位置，选择"插入 > 布局对象 > AP Div"命令，在光标所在的位置插入新的矩形层。

④ 单击"插入"面板"布局"选项卡中的"绘制AP Div"按钮，在文档窗口中，鼠标指针变为"+"形状，按住Ctrl键的同时按住鼠标左键拖曳，画出一个矩形层。只要不松开Ctrl键，就可以继续绘制新的层，如图7-15所示。

图7-13　　　　图7-14

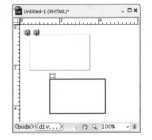

图7-15

若要显示层标记，首先选择"查看 > 可视化助理 > 不可见元素"命令，如图7-16所示，使"不可见元素"命令呈被选择状态。然后选择"编辑 > 首选参数"命令，弹出"首选参数"对话框，选择"分类"列表中的"不可见元素"选项，选择右侧的"AP元素的锚点"复选框，如图7-17所示，单击"确定"按钮完成设置。这时在网页的左上角显示出层标志。

图7-16

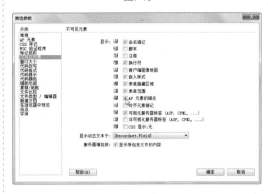

图7-17

2. 显示或隐藏层边框

若要显示或隐藏层边框，可选择"查看 > 可视化助理 > 隐藏所有"命令，或按Ctrl+Shift+I组合键。

7.1.3 选择层

1. 选择一个层

（1）利用层面板选择一个层。

选择"窗口 > AP元素"命令，打开"AP元素"面板，如图7-18所示。在"AP元素"面板中，单击该层的名称。

图7-18

（2）在文档窗口中选择一个层，有以下3种方法。

① 单击一个层的边框。

② 按住Ctrl+Shift组合键的同时单击要选择的图层，即可选中。

③ 单击一个层的选择柄 ⊡。如果选择柄 ⊡ 不可见，可以在该层中的任意位置单击以显示该选择柄。

2.选定多个层

① 选择"窗口 > AP元素"命令，弹出"AP元素"面板。在"AP元素"面板中，按住Shift键并单击两个或更多的层名称。

② 在文档窗口中按住Shift键并单击两个或更多个层的边框内（或边框上）。

当选定多个层时，当前层的大小调整柄将以蓝色突出显示，其他层的大小调整柄则以白色显示，如图7-19所示，并且只能对当前层进行操作。

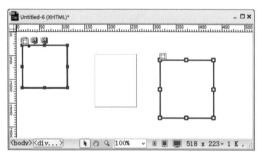

图7-19

7.1.4 设置层的默认属性

当层插入后，其属性为默认值，如果想查看或修改层的属性，选择"编辑 > 首选参数"命令，弹出"首选参数"对话框，在左侧的"分类"列表中选择"AP元素"选项，此时，可查看或修改层的默认属性，如图7-20所示。

图7-20

"显示"选项：设置层的初始显示状态。此选项的下拉列表中包含以下几个选项。

"default"选项：默认值，一般情况下，大多数浏览器会默认为"inherit"。

"inherit"选项：继承父级层的显示属性。

"visible"选项：表示不管父级层是什么设置都显示层的内容。

"hidden"选项：表示不管父级层是什么设置都隐藏层的内容。

"宽"和"高"选项：定义层的默认大小。

"背景颜色"选项：设置层的默认背景颜色。

"背景图像"选项：设置层的默认背景图像。单击右侧的 浏览(B)... 按钮可选择背景图像文件。

"嵌套"选项：设置在层出现重叠时，是否采用嵌套方式。

7.1.5 "AP元素"面板

通过"AP元素"面板可以管理网页文档中的层。选择"窗口 > AP元素"命令，弹出"AP元素"面板,如图7-21所示。

图7-21

使用"AP元素"面板可以防止层重叠,更改层的可见性,将层嵌套或层叠,以及选择一个或多个层。

7.1.6 更改层的堆叠顺序

排版时常需要控制叠放在一起的不同网页元素的显示顺序,以实现特殊的效果,可以通过修改选定层的"z轴"属性值实现。

层的显示顺序与z轴值的顺序一致。z轴值越大,层的位置越靠上。在"AP元素"面板中按照堆叠顺序排列层的名称,如图7-22所示。

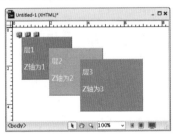

图7-22

1.在"AP元素"面板中更改层的堆叠顺序

(1)选择"窗口 > AP元素"命令,弹出"AP元素"面板。

(2)在"AP元素"面板中,将层向上或向下拖曳至所需的堆叠位置。

2.在"属性"面板中更改层的堆叠顺序

(1)选择"窗口 > AP元素"命令,弹出

"AP元素"面板。

(2)在"AP元素"面板或文档窗口中选择一个层。

(3)在"属性"面板的"z轴"选项中输入一个更高或更低的编号,使当前层沿着堆叠顺序向上或向下移动,效果如图7-23所示。

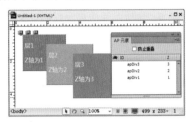

调整前

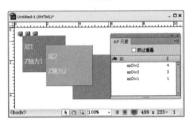

调整后

图7-23

7.1.7 更改层的可见性

处理文档时,可以使用"AP元素"面板手动设置显示或隐藏层,来查看层在不同条件下的显示方式。更改层的可见性,有以下两种方法。

① 使用"AP元素"面板更改层的可见性。

选择"窗口 > AP元素"命令,弹出"AP元素"面板。在层的眼形图标列内单击,可以更改其可见性,如图7-24所示。眼睛睁开表示该层是可见的,眼睛闭合表示该层是不可见的。如果没有眼形图标,该层通常会继承其父级的可见性。如果层没有嵌套,父级就是文档正文,而文档正文始终是可见的,因此层默认是可见的。

图7-24

② 使用"属性"面板更改层的可见性。

选择一个或多个层，然后修改"属性"面板中的"可见性"选项。当选择"visible"选项时，则无论父级层如何设置都显示层的内容；当选择"hidden"选项时，则无论父级层如何设置都隐藏层的内容；当选择"inherit"选项时，则继承父级层的显示属性，若父级层可见则显示该层，若父级层不可见则隐藏该层。

🔍 提示

当前选定层总是可见的，它在被选定时会出现在其他层的前面。

7.1.8 调整层的大小

可以调整单个层的大小，也可以同时调整多个层的大小，以使它们具有相同的宽度和高度。

1. 调整单个层的大小

选择一个层后，调整层的大小有以下4种方法。

① 应用鼠标拖曳方式。拖曳该层边框上的任一调整柄到合适的位置。

② 应用键盘方式。同时按键盘上的方向键和Ctrl键可调整一个像素的大小。

③ 应用网格靠齐方式。同时按键盘上的方向键和Shift+Ctrl组合键可按网格靠齐增量来调整层大小。

④ 应用修改属性值方式。在"属性"面板中，修改"宽"选项和"高"选项的数值。

🔍 提示

调整层的大小会更改该层的宽度和高度，并不定义该层内容和可见性。

2. 同时调整多个层的大小

选择多个层后，可同时调整多个层的大小，有以下3种方法。

① 应用菜单命令。

选择"修改 > 排列顺序 > 设成宽度相同"命令或"修改 > 排列顺序 > 设成高度相同"命令。

② 应用组合键。

按Ctrl+Shift+7组合键或Ctrl+Shift+9组合键，则以当前层为标准同时调整多个层的宽度或高度。

🔍 提示

以当前层为基准，如图7-25所示。

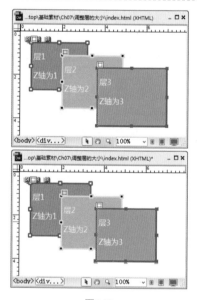

图7-25

③ 应用修改属性值方式。

选择多个层，然后在"属性"面板中修改"宽"选项和"高"选项的数值。

7.1.9 移动层

移动层的操作非常简单，可以按照在大多数图形应用程序中移动对象的方法在"设计"视图中移动层。移动一个或多个选定层有以下两种方法。

① 拖曳选择柄来移动层。

先在"设计"视图中选择一个或多个层，然后拖曳当前层（蓝色突出显示）的选择柄回，以移动选定层的位置，如图7-26所示。

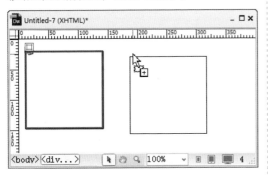

图7-26

② 移动一个像素来移动层。

先在"设计"视图中选择一个或多个层，然后按住Shift键的同时按方向键，则按当前网格靠齐增量来移动选定层的位置。

7.1.10 对齐层

使用层对齐命令可以以当前层的边框为基准对齐一个或多个层。当对选定层进行对齐时，未选定的子层可能会因为其父层被选定并移动而随之移动。为了避免出现这种情况，不要使用嵌套层。对齐两个或更多个层有以下两种方法。

① 应用菜单命令对齐层。

在文档窗口中选择多个层，然后选择"修改>排列顺序"命令，在其子菜单中选择一个对齐选

项。如选择"左对齐"选项，则所有层都会按当前层左对齐，如图7-27所示。

图7-27

② 应用"属性"面板对齐层。

在文档窗口中选择多个层，然后在"属性"面板的"左"选项中输入具体数值，则以多个层的左边线相对于页面左侧的位置来对齐，如图7-28所示。

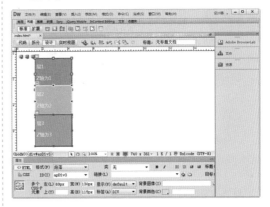

图7-28

7.1.11 层靠齐到网格

在移动网页元素时可以让其自动靠齐到网格，还可以通过指定网格设置来更改网格或控制靠齐行为。无论网格是否可见，都可以使用靠齐。

应用Dreamweaver CS6中的靠齐功能，层与网格之间的关系如铁块与磁铁之间的关系。层与网格线之间靠齐的距离是可以设定的。

1. 层靠齐到网格

选择"查看 > 网格设置 > 靠齐到网格"命令，选择一个层并拖曳它，当拖曳它靠近网格线一定距离时，该层会自动跳到最近的靠齐位置，如图7-29所示。

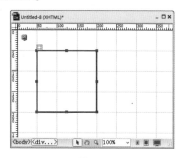

图7-29

2. 更改网格设置

选择"查看 > 网格设置 > 网格设置"命令，弹出"网格设置"对话框，如图7-30所示。根据需要完成设置后，单击"确定"按钮。

图7-30

"网格设置"对话框中各选项的作用如下。

"颜色"选项：设置网格线的颜色。

"显示网格"选项：使网格在文档窗口的"设计"视图中可见。

"靠齐到网格"选项：使页面元素靠齐到网格线。

"间隔"选项：设置网格线的间距。

"显示"选项组：设置网格线是显示为线条还是显示为点。

7.2 ▶ 应用层设计表格

因为早期版本的浏览器不能显示使用层布局的网页，为了实现较复杂的效果需要将早期使用表格布局的网页转换成层，下面讲解层与表格之间的转换方法。

命令介绍

将表格转换为AP Div：可以将选中的表格转换为层。

7.2.1 课堂案例——信业融资网页

【案例学习目标】使用"将表格转换为AP Div"命令将表格转换为层。

【案例知识要点】使用"将表格转换为AP Div"命令，将表格转换为层，如图7-31所示。

【效果所在位置】Ch07/效果/信业融资网页/index.html。

图7-31

（1）选择"文件 > 打开"命令，在弹出的"打开"对话框中，选择本书学习资源中的

"Ch07 > 素材 > 信业融资网页 > index.html"文件，单击"打开"按钮打开文件，如图7-32所示。

图7-32

（2）选择"修改 > 转换 > 将表格转换为AP Div"命令，弹出"将表格转换为AP Div"对话框，在弹出的对话框中进行设置，如图7-33所示。

图7-33

（3）单击"确定"按钮，表格转换为层，效果如图7-34所示。保存文档，按F12键预览效果，如图7-35所示。

图7-34

图7-35

7.2.2　将AP Div转换为表格

1.　将AP Div转换为表格

如果使用层创建布局的网页要在较早的浏览器中进行查看，那么需要将AP Div转换为表格。若将AP Div转换为表格，则选择"修改 > 转换 > 将AP Div转换为表格"命令，弹出"将AP Div转换为表格"对话框，如图7-36所示。根据需要完成设置后，单击"确定"按钮。

图7-36

"将AP Div转换为表格"对话框中各选项的作用如下。

"表格布局"选项组：

"最精确"选项：为每个层创建一个单元格，并附加保留层之间的空间所必需的任何单元格。

"最小"选项：折叠空白单元格设置。如果层定位在设置数目的像素内，则层的边缘应对齐。如果选择此选项，结果表格将包含较少的空行和空列，但可能不与页面布局精确匹配。

"**使用透明GIFs**"选项：用透明的GIFs填充表的最后一行，这将确保该表在所有浏览器中以相同的列宽显示。但当启用此选项后，不能通过拖曳表列来编辑结果表格。当禁用此选项后，结果表格将不包含透明GIFs，但不同的浏览器可能会出现不同的列宽。

"**置于页面中央**"选项：将结果表格放置在页面的中央。如果禁用此选项，表格将与页面的左边缘对齐。

"**布局工具**"选项组：

"**防止重叠**"选项：Dreamweaver CS6无法从重叠层创建表格，所以一般选择此复选框，防止层重叠。

"**显示AP元素面板**"选项：设置是否显示层属性面板。

"**显示网格**"选项：设置是否显示辅助定位的网格。

"**靠齐到网格**"选项：设置是否启用靠齐到网格功能。

2. 防止层重叠

因为表单元格不能重叠，所以Dreamweaver CS6无法从重叠层创建表格。如果要将一个文档中的层转换为表格以兼容IE 3.0浏览器，则选择"防止重叠"选项来约束层的移动和定位，使层不会重叠。防止层重叠有以下两种方法。

① 选择"AP元素"面板中的"防止重叠"复选框，如图7-37所示。

图7-37

② 选择"修改 > 排列顺序 > 防止AP元素重叠"命令，如图7-38所示。

图7-38

7.2.3　将表格转换为AP Div

当不满意页面布局时，就需要对其进行调整，但层布局要比表格布局调整起来方便，所以需要将表格转换为AP Div。若将表格转换为AP Div，则选择"修改 > 转换 > 将表格转换为AP Div"命令，弹出"将表格转换为AP Div"对话框，如图7-39所示。根据需要完成设置后，单击"确定"按钮。

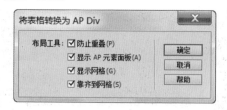

图7-39

"将表格转换为AP Div"对话框中各选项的作用如下。

"**防止重叠**"选项：用于防止AP元素重叠。

"**显示AP元素面板**"选项：设置是否显示

"AP元素"控制面板。

"显示网格"选项：设置是否显示辅助定位的网格。

"靠齐到网格"选项：设置是否启用"靠齐到网格"功能。

一般情况下，空白单元格不会转换为AP Div，具有背景颜色的空白单元格除外。将表格转换为AP Div时，位于表格外的页面元素也会被放入层中。

🔍 **提示**

不能转换单个表格或层，只能将整个网页的层转换为表格或将整个网页的表格转换为层。

✎ 课堂练习——家爱装饰网页

【练习知识要点】使用"绘制AP Div"按钮，绘制层；使用"图像"按钮，在绘制的图层中插入图像，如图7-40所示。

【素材所在位置】Ch07/素材/家爱装饰网页/images。

【效果所在位置】Ch07/效果/家爱装饰网页/index.html。

图7-40

✎ 课后习题——微汽车网页

【习题知识要点】使用"将AP Div转换为表格"命令，将层转换为表格，效果如图7-41所示。

【素材所在位置】Ch07/素材/微汽车网页/images。

【效果所在位置】Ch07/效果/微汽车网页/index.html。

图7-41

第 8 章

CSS样式

本章介绍

　　层叠样式表（CSS）是W3C组织新近批准的一个辅助HTML设计的新特性，能保持整个HTML的统一外观。网页样式表的功能强大、操作灵活，用CSS改变一个文件就可以改变数百个文件的外观，而且个性化的表现更能吸引访问者。

学习目标

◆ 了解CSS样式的概念。

◆ 熟悉CSS样式面板的使用方法。

◆ 掌握CSS样式选择器的应用。

◆ 了解样式的类型和创建方法。

◆ 熟悉CSS样式的属性。

◆ 掌握过滤器的使用方法。

技能目标

◆ 熟练掌握"打印机网页"的制作方法。

◆ 熟练掌握"傲多特摄影网页"的制作方法。

8.1 CSS样式的概念

CSS是Cascading Style Sheet的缩写，一般译为"层叠样式表"或"级联样式表"。层叠样式表是对HTML3.2之前版本语法的变革，将某些HTML标签属性简化。比如，要将一段文字的大小变成36像素，在HTML3.2中写成"<p><font size="36">文字的大小</font></p>"，标签的层层嵌套使HTML程序臃肿不堪，而用层叠样式表可简化HTML标签属性，写成"<p style="font-size:36px">文字的大小</p>"即可。

层叠样式表是HTML的一部分，它将对象引入HTML中，可以通过脚本程序调用和改变对象的属性，从而产生动态效果。比如，当鼠标指针放到文字上时，文字的字号变大，用层叠样式表写成"<p onMouseOver="className='aa'">动态文字</p>"即可。

8.2 CSS样式

CSS是一种能够真正做到网页表现与内容分离的样式设计语言。相对于传统HTML的表现而言，CSS能够对网页中对象的位置排版进行像素级的精确控制，支持几乎所有的字体字号样式，拥有对网页对象和模型样式编辑的能力，并能够进行初步交互设计。

8.2.1 "CSS样式"面板

使用"CSS样式"面板可以创建、编辑和删除CSS样式，并且可以将外部样式表附加到文档中。

1. 打开"CSS样式"面板

弹出"CSS样式"面板有以下两种方法。

① 选择"窗口 > CSS样式"命令。

② 按Shift+F11组合键。

"CSS样式"面板如图8-1所示，它由样式列表和底部的按钮组成。样式列表用于查看与当前文档相关联的样式定义及样式的层次结构。

"CSS样式"面板可以显示自定义CSS样式、重定义的HTML标签和CSS选择器样式的样式定义。

"CSS样式"面板底部共有5个快捷按钮，分别为"附加样式表"按钮、"新建CSS规则"按钮、"编辑样式"按钮、"禁用/启用CSS属性"按钮和"删除CSS规则"按钮，它们的含义如下。

图8-1

"附加样式表"按钮：用于将创建的任何样式表附加到页面或复制到站点中。

"新建CSS规则"按钮：用于创建自定义CSS样式、重定义的HTML标签和CSS选择器样式。

"编辑样式"按钮：用于编辑当前文档或外部样式表中的任何样式。

"禁用/启用CSS属性"按钮：用于禁用或启用"CSS样式"面板中所选的属性。

"删除CSS规则"按钮：用于删除"CSS

样式"面板中所选的样式,并从应用该样式的所有元素中删除格式。

2. 样式表的功能

层叠样式表是HTML格式的代码,浏览器处理起来速度比较快。另外,Dreamweaver CS6提供功能复杂、使用方便的层叠样式表,方便网站设计师制作个性化网页。样式表的功能归纳如下。

(1)灵活地控制网页中文字的字体、颜色、大小、位置和间距等。

(2)方便地为网页中的元素设置不同的背景颜色和背景图片。

(3)精确地控制网页各元素的位置。

(4)为文字或图片设置滤镜效果。

(5)与脚本语言结合制作动态效果。

8.2.2 CSS样式的类型

层叠样式表是一系列格式规则,它们控制网页各元素的定位和外观,实现HTML无法实现的效果。在Dreamweaver CS6中可以运用的样式分为重定义HTML标签样式、自定义样式、使用CSS选择器样式3类。

1. 重定义HTML标签样式

重定义HTML标签样式是对某一HTML标签的默认格式进行重定义,从而使网页中的所有该标签的样式都自动跟着变化。例如,我们重新定义表格的边框线是青色中粗虚线,则页面中所有表格的边框都会自动被修改。原来表格的效果如图8-2所示,重定义table标签后的效果如图8-3所示。

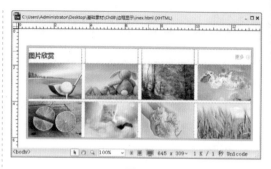

图8-3

2. CSS选择器样式

使用CSS选择器对用ID属性定义的特定标签应用样式。一般网页中某些特定的网页元素使用CSS选择器定义样式。例如,设置ID为HH单元格的背景色为绿色(#33CC00),如图8-4所示。

图8-4

3. 自定义样式

先定义一个样式,然后选择不同的网页元素应用此样式。一般情况下,自定义样式与脚本程序配合改变对象的属性,从而产生动态效果。例如,多个表格标题行的背景色均设置为蓝色(#3CF),如图8-5所示。

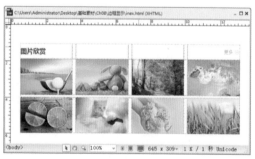

图8-2

图8-5

8.3 样式的类型与创建

样式表是一系列格式规则，必须先定义这些规则，而后将它们应用于相应的网页元素中。下面按照CSS的类型来创建和应用样式。

8.3.1 创建重定义HTML标签样式

当重新定义某HTML标签默认格式后，网页中的该HTML标签元素都会自动变化。因此，当需要修改网页中某HTML标签的所有样式时，只需重新定义该HTML标签样式即可。

1. 弹出"新建CSS规则"对话框

弹出如图8-6所示的"新建CSS规则"对话框，有以下5种方法。

① 调出"CSS样式"面板，单击面板右下方区域中的"新建CSS规则"按钮 。

② 在"设计"视图状态下，在文档窗口中单击鼠标右键，在弹出的菜单中选择"CSS样式 > 新建"命令，如图8-7所示。

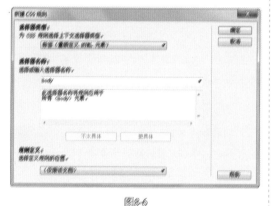

图8-6

图8-7

③ 单击"CSS样式"面板右上方的菜单按钮 ，在弹出的菜单中选择"新建"命令，如图8-8所示。

图8-8

④ 选择"格式 > CSS样式 > 新建"命令。

⑤ 在"CSS样式"面板中单击鼠标右键，在弹出的菜单中选择"新建"命令，如图8-9所示。

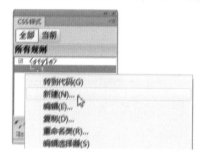

图8-9

2. 重新定义HTML标签样式

（1）将插入点放在文档中，弹出"新建CSS规则"对话框。

（2）先在"选择器类型"选项组中选择"标签（重新定义HTML元素）"选项；然后在"选择器名称"选项的下拉列表中选择要改的table标签，如图8-10所示；单击"确定"按钮，弹出"table的CSS规则定义"对话框，如图8-11所示。

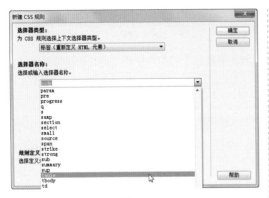

图8-10

图8-11

（3）根据需要设置CSS属性，单击"确定"按钮完成设置。

8.3.2 创建和应用自定义样式

若要为不同网页元素设定相同的格式，可先创建一个自定义样式，然后将它应用到文档的网页元素上。

1. 创建自定义样式

（1）将插入点放在文档中，弹出"新建CSS规则"对话框。

（2）先在"选择器类型"选项组中选择"类（可应用于任何HTML元素）"选项；然后在"选择器名称"选项的文本框中输入自定义样式的名称，如"text"；最后在"规则定义"选项组中选择定义样式的位置，如果不创建外部样式表，则选择"（仅限该文档）"单选项，如图8-12所

示。单击"确定"按钮，弹出".text的CSS规则定义"对话框，如图8-13所示。

图8-12

图8-13

（3）根据需要设置CSS属性，单击"确定"按钮完成设置。

2. 应用样式

创建自定义样式后，还要为不同的网页元素应用不同的样式，具体操作步骤如下。

（1）在文档窗口中选择网页元素。

（2）在文档窗口左下方的标签上单击鼠标右键，在弹出的菜单中选择"设置类"命令下的自定义样式名，如图8-14所示，此时该网页元素应用样式修改了外观。若想撤销应用的样式，则在文档窗口左下方的标签上单击鼠标右键，在弹出的菜单中选择"设置类 > 无"命令即可。

图8-14

8.3.3　创建和引用外部样式

不同网页的不同网页元素需要同一样式时，可通过引用外部样式来实现。首先创建一个外部样式，然后在不同网页的不同HTML元素中引用定义好的外部样式。

1. 创建外部样式

（1）弹出"新建CSS规则"对话框。

（2）在"新建CSS规则"对话框的"规则定义"选项组中选择"（新建样式表文件）"选项，在"选择器名称"选项的文本框中输入名称，如图8-15所示。单击"确定"按钮，弹出"将样式表文件另存为"对话框，在"文件名"选项中输入自定义的样式文件名，如图8-16所示。

图8-15

（3）单击"保存"按钮，弹出图8-17所示的"·tb的CSS规则定义（在style.css中）"对话框。根据需要设置CSS属性，单击"确定"按钮完成设置。刚创建的外部样式会出现在"CSS样式"面板的样式列表中，如图8-18所示。

图8-16

图8-17

图8-18

2. 引用外部样式

不同网页的不同HTML元素可以引用相同的外部样式，具体操作步骤如下。

（1）在文档窗口中选择网页元素。

（2）单击"CSS样式"面板下部的"附加样式表"按钮，弹出"链接外部样式表"对话框，如图8-19所示。

图8-19

对话框中各选项的作用如下。

"文件/URL"选项：直接输入外部样式文件名，或单击"浏览"按钮选择外部样式文件。

"添加为"选项组：包括"链接"和"导入"两个选项。"链接"选项表示传递外部CSS样式信息而不将其导入网页文档，在页面代码中生成<link>标签。"导入"选项表示将外部CSS

样式信息导入网页文档，在页面代码中生成<@ Import>标签。

（3）在对话框中根据需要设定参数，单击"确定"按钮完成设置。此时，引用的外部样式会出现在"CSS样式"面板的样式列表中，如图8-20所示。

图8-20

8.4 编辑样式

网站设计者有时需要修改应用于文档的内部样式和外部样式，如果修改内部样式文件，则会自动重新设置受它控制的所有HTML对象的格式；如果修改外部样式文件，则会自动重新设置与它链接的所有HTML文档。

编辑样式有以下3种方法。

① 先在"CSS样式"面板中单击选中某样式，然后单击位于面板底部的"编辑样式"按钮 ✐，弹出如图8-21所示的".tb的CSS规则定义（在style.css中）"对话框。根据需要设置CSS属性，单击"确定"按钮完成设置。

② 在"CSS样式"面板中用鼠标右键单击样式，然后从弹出的菜单中选择"编辑"命令，如图8-22所示。弹出".tb的CSS规则定义（在style.css中）"对话框，最后根据需要设置CSS属性，单击"确定"按钮完成设置。

③ 在"CSS样式"面板中选择样式，然后在"CSS属性检查器"面板中编辑它的属性，如图8-23所示。

图8-21

图8-22　　　　　图8-23

8.5 CSS的属性

CSS样式可以控制网页元素的外观，如定义字体、颜色、边距等，这些都是通过设置CSS样式的属性来实现的。CSS样式属性有很多种分类，包括"类型""背景""区块""方框""边框""列表""定位""扩展""过渡"9个，分别设定不同网页元素的外观。下面将介绍案例中会用到的两个命令。

命令介绍

背景：可以设置网页的背景图像或背景颜色。

区块：可以控制网页元素的间距、对齐方式和文字缩放等属性。

8.5.1 课堂案例——打印机网页

【案例学习目标】使用"CSS样式"命令，制作菜单效果。

【案例知识要点】使用"表格"按钮，插入表格效果；使用"属性"面板，为文字添加空链接；使用"CSS样式"命令，设置翻转效果的链接，如图8-24所示。

【效果所在位置】Ch08/效果/打印机网页/index.html。

图8-24

1. 插入表格并输入文字

（1）选择"文件 > 打开"命令，在弹出的"打开"对话框中，选择本书学习资源中的"Ch08 > 素材 > 打印机网页 > index.html"文件，单击"打开"按钮打开文件，如图8-25所示。

（2）将光标置入图8-26所示的单元格中，按Shift+Enter组合键将光标切换到下一行显示，如图8-27所示。

图8-25

图8-26　　　　图8-27

（3）单击"插入"面板"常用"选项卡中的"表格"按钮，在弹出的"表格"对话框中进行设置，如图8-28所示。单击"确定"按钮，完成表格的插入。保持表格的选取状态，在"属性"面板"表格ID"选项文本框中输入"Nav"，在"对齐"选项的下拉列表中选择"居中对齐"选项，效果如图8-29所示。在刚插入表格的单元格中输入文字和空格，效果如图8-30所示。

图8-28

图8-29

图8-30

（4）选中图8-31所示的文字，在"属性"面板"链接"选项文本框中输入"#"，为文字制作空链接效果，如图8-32所示。用相同的方法为其他文字添加链接，效果如图8-33所示。

图8-31

图8-32

图8-33

2. 设置CSS属性

（1）选中图8-34所示的表格，选择"窗口 > CSS样式"命令，弹出"CSS样式"面板，单击面板下方的"新建CSS规则"按钮，在弹出的"新建CSS规则"对话框中进行设置，如图8-35所示。

图8-34

图8-35

（2）单击"确定"按钮，弹出"将样式表文件另存为"对话框，在"保存在"选项的下拉列表中选择当前站点目录保存路径，在"文件名"选项的文本框中输入"style"，如图8-36所示。

图8-36

（3）单击"保存"按钮，弹出"#Nav
a:link,#Nav a:visited的CSS规则定义（在style.css
中）"对话框，在左侧的"分类"列表中选择
"类型"选项，将"Font-family"选项设为"微
软雅黑"，"Font-size"选项设为15，"Line-
height"选项设为160%，"Color"选项设为白
色。在"Font-weight"选项的下拉列表中选择
"normal"选项，勾选"Text-decoration"选项组
中的"none"复选框，如图8-37所示。

图8-37

（4）在左侧的"分类"列表中选择"区块"
选项，在"Text-align"选项的下拉列表中选择
"left"选项，在"Display"选项的下拉列表中选
择"block"选项，如图8-38所示。

（5）在左侧的"分类"列表中选择"方框"
选项，取消"Padding"选项组中的"全部相同"

复选框，并分别设置"Top"和"Bottom"选项
的值为6、8，如图8-39所示。

图8-38

图8-39

（6）在左侧的"分类"选项列表中选择"边
框"选项，分别取消选择"Style""Width""Color"
选项组中的"全部相同"复选框。设置"Bottom"
选项的"Style"值为"solid"，"Width"值为
1，"Color"值为青色（#32bff6），如图8-40所
示。单击"确定"按钮，完成样式的创建，文档
窗口中的效果如图8-41所示。

图8-40

图8-41

（7）单击"CSS样式"面板下方的"新建CSS规则"按钮，弹出"新建CSS规则"对话框，在对话框中进行设置，如图8-42所示。

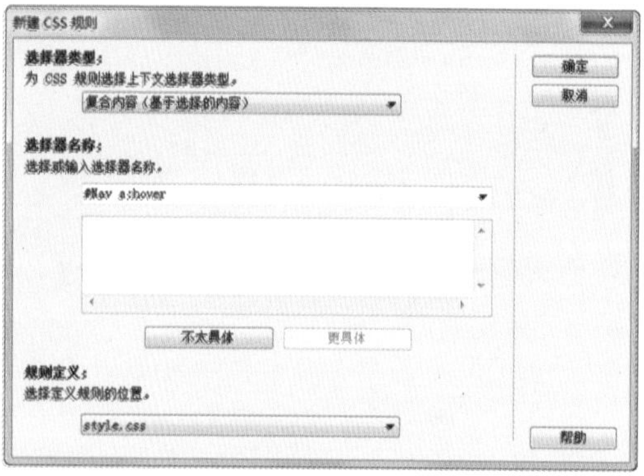

图8-42

（8）单击"确定"按钮，弹出"#Nav a:hover的CSS规则定义（在style.css中）"对话框，在左侧的"分类"列表中选择"类型"选项，将"Color"选项设为黄色（#FEE300），如图8-43所示。

图8-43

（9）在左侧的"分类"列表中选择"边框"选项，分别取消选择"Style""Width""Color"选

项组中的"全部相同"复选框。设置"Bottom"选项的"Style"值为"solid"，"Width"值为1，"Color"值为浅黄色（#FFF001），如图8-44所示，单击"确定"按钮，完成样式的创建。

图8-44

（10）用上述的方法在其他单元格中插入表格，输入文字，并设置相应的样式，效果如图8-45所示。

图8-45

（11）保存文档，按F12键预览效果，如图8-46所示。当鼠标指针滑过导航按钮时，文字和下边框线的颜色发生变化，效果如图8-47所示。

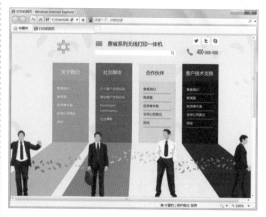

图8-46

图8-47

8.5.2 类型

"类型"分类主要是定义网页中文字的字
体、字号、颜色等，"类型"选项面板如图8-48
所示。

"类型"面板包括以下9种CSS属性。

"Font-family（字体）"选项：为文字设
置字体。一般情况下，使用用户系统上安装的字
体系列中的第一种字体显示文本。用户可以手动
编辑字体列表，首先单击"Font-family"选项右
侧的下拉列表，选择"编辑字体列表"选项，如
图8-49所示。弹出"编辑字体列表"对话框，如
图8-50所示。然后在"可用字体"列表中双击要
选择的字体，使其出现在"字体列表"选项框
中，单击"确定"按钮完成"编辑字体列表"的
设置。最后单击"Font-family"选项右侧的下拉
列表，选择刚刚编辑的字体，如图8-51所示。

"Font-size（大小）"选项：定义文本的
大小。在选项右侧的下拉列表中选择具体数值和
度量单位。一般以像素为单位，因为它可以有效
地防止浏览器破坏文本的显示效果。

"Font-style（样式）"选项：指定字体的风
格为"normal（正常）""（italic）斜体""oblique
（偏斜体）"。默认设置为"normal（正常）"。

图8-48

图8-49

图8-50

图8-51

"Line-height（行高）"选项：设置文本所在行的行高度。在选项右侧的下拉列表中选择具体数值和度量单位。若选择"normal（正常）"选项则自动计算字体大小以确定行高。

"Text-decoration（修饰）"选项组：控制链接文本的显示形态，包括"underline（下划线）""overline（上划线）""Line-through（删除线）""blink（闪烁）""none（无）"5个选项。正常文本的默认设置是"none（无）"，链接的默认设置为"underline（下划线）"。

"Font-weight（粗细）"选项：为字体设置粗细效果。它包含"normal（正常）""bold（粗体）""bolder（特粗）""lighter（细体）"和具体粗细值多个选项。通常"normal（正常）"选项等于400像素，"bold（粗体）"选项等于700像素。

"Font-variant（变体）"选项：将正常文本缩小一半尺寸后大写显示，IE浏览器不支持该选项。Dreamweaver CS6 不在文档窗口中显示该选项。

"Text-transform（大小写）"选项：将选定内容中的每个单词的首字母大写，或将文本设置为全部大写或小写。它包括"capitalize（首字母大写）""uppercase（大写）""lowercase（小写）""none（无）"4个选项。

"Color（颜色）"选项：设置文本的颜色。

8.5.3 背景

"背景"分类用于在网页元素后加入背景图像或背景颜色，"背景"选项面板如图8-52所示。

"背景"面板包括以下6种CSS属性。

"Background-color（背景颜色）"选项：设置网页元素的背景颜色。

"Background-image（背景图像）"选项：设置网页元素的背景图像。

图8-52

"Background-repeat（重复）"选项：控制背景图像的平铺方式，包括"no-repeat（不重复）""repeat（重复）""repeat-x（横向重复）""repeat-y（纵向重复）"4个选项。若选择"no-repeat（不重复）"选项，则在元素开始处按原图大小显示一次图像；若选择"repeat（重复）"选项，则在元素的后面水平或垂直平铺图像；若选择"repeat-x（横向重复）"或"repeat-y（纵向重复）"选项，则分别在元素的后面沿水平方向平铺图像或沿垂直方向平铺图像，此时图像被剪辑以适合元素的边界。

"Background-attachment（附件）"选项：设置背景图像是固定在它的原始位置还是随内容一起滚动。IE浏览器支持该选项，但Netscape Navigator 浏览器不支持。

"Background-position（X）（水平位置）"和"Background-position（Y）（垂直位置）"选项：设置背景图像相对于元素的初始位置，包括"left（左对齐）""center（居中）""right（右对齐）""top（顶部）""bottom（底部）""（值）"6个选项。该选项可将背景图像与页面中心垂直和水平对齐。

8.5.4 区块

"区块"分类用于控制网页中块元素的间距、对齐方式和文字缩进等属性。块元素可以是文本、图像和层等。"区块"的选项面板如图8-53所示。

图8-53

"区块"面板包括7种CSS属性。

"Word-spacing（单词间距）"选项：设置文字间的间距，包括"normal（正常）"和"（值）"两个选项。若要减少单词间距，则可以设置为负值，但其显示取决于浏览器。

"Letter-spacing（字母间距）"选项：设置字母间的间距，包括"normal（正常）"和"（值）"两个选项。若要减少字母间距，则可以设置为负值。IE浏览器4.0版本和更高版本及Netscape Navigator浏览器6.0版本支持该选项。

"Vertical-align（垂直对齐）"选项：控制文字或图像相对于其母体元素的垂直位置。若将图像同其母体元素文字的顶部垂直对齐，则该图像将在该行文字的顶部显示。该选项包括"baseline（基线）" "sub（下标）" "super（上标）" "top（顶部）" "text-top（文本顶对齐）" "middle（中线对齐）" "bottom（底部）" "text-bottom（文本底对齐）" "（值）"9个选项。"baseline（基线）"选项表示将元素的基准线同母体元素的基准线对齐；"top（顶部）"选项表示将元素的顶部同最高的母体元素对齐；"bottom（底部）"选项表示将元素的底部同最低的母体元素对齐；"sub（下标）"选项表示将元素以下标形式显示；"super（上标）"选项表示将元素以上标形式显示；"text-top（文本顶对齐）"选项表示将元素顶部同母体元素

文字的顶部对齐；"middle（中线对齐）"选项表示将元素中点同母体元素文字的中点对齐；"text-bottom（文本底对齐）"选项表示将元素底部同母体元素文字的底部对齐。

> 🔍 提示
>
> 仅在应用 <img> 标签时"垂直对齐"选项的设置才在文档窗口中显示。

"Text-align（文本对齐）"选项：设置区块文本的对齐方式，包括"left（左对齐）" "right（右对齐）" "center（居中）" "justify（两端对齐）"4个选项。

"Text-indent（文字缩进）"选项：设置区块文本的缩进程度。若让区块文本突出显示，则该选项值为负值，但显示主要取决于浏览器。

"White-space（空格）"选项：控制元素中的空格输入，包括"normal（正常）" "pre（保留）" "nowrap（不换行）"3个选项。

"Display（显示）"选项：指定是否以及如何显示元素。"none（无）"关闭应用此属性元素的显示。

> 🔍 提示
>
> Dreamweaver CS6 不在文档窗口中显示"空格"选项值。

8.5.5 方框

块元素可看成被包含在了一个盒子中，这个盒子分为4部分，如图8-54所示。

图8-54

"方框"分类用于控制网页中块元素的内容距区块边框的距离、区块的大小、区块间的间隔等。块元素可为文本、图像和层等。"方框"的选项面板如图8-55所示。

图8-55

"方框"面板包括以下6种CSS属性。

"Width（宽）"和"Height（高）"选项：设置元素的宽度和高度，使盒子的宽度不受它所包含内容的影响。

"Float（浮动）"选项：设置网页元素（如文本、层、表格等）的浮动效果。IE浏览器和NETSCAPE浏览器都支持"（浮动）"选项的设置。

"Clear（清除）"选项：清除设置的浮动效果。

"Padding（填充）"选项组：控制元素内容与盒子边框的间距，包括"Top（上）""Right（右）""Bottom（下）""Left（左）"4个选项。若取消选择"全部相同"复选框，则可单独设置块元素的各个边的填充效果，否则块元素的各个边设置相同的填充效果。

"Margin（边界）"选项组：控制围绕块元素的间隔数量，包括"Top（上）""Right（右）""Bottom（下）""Left（左）"4个选项。若取消选择"全部相同"复选框，则可设置块元素不同的间隔效果，否则块元素有相同的间隔效果。

8.5.6 边框

"边框"分类主要针对块元素的边框，"边框"选项面板如图8-56所示。

"边框"面板包括以下3种CSS属性。

"Style（样式）"选项组：设置块元素边框线的样式，在其下拉列表中包括"none（无）""dotted（点划线）""dashed（虚线）""solid（实线）""double（双线）""groove（槽状）""ridge（脊状）""inset（凹陷）""outse（凸出）"9个选项。若取消选择"全部相同"复选框，则可为块元素的各边框设置不同的样式。

"Width（宽度）"选项组：设置块元素边框线的粗细，在其下拉列表中包括"thin（细）""medium（中）""thick（粗）""（值）"4个选项。

"Color（颜色）"选项组：设置块元素边框线的颜色。若取消选择"全部相同"复选框，则为块元素的各边框设置不同的颜色。

8.5.7 列表

"列表"分类用于设置项目符号或编号的外观，"列表"选项面板如图8-57所示。

图8-57

"列表"面板包括以下3种CSS属性。

"List-style-type（类型）"选项：设置项目符号或编号的外观。在其下拉列表中包括"disc（圆点）""circle（圆圈）""square（方块）""decimal（数字）""lower-roman（小写罗马数字）""upper-roman（大写罗马数字）""lower-alpha（小写字母）""upper-alpha（大写字母）""none（无）"9个选项。

"List-style-image（项目符号图像）"选项：为项目符号指定自定义图像。单击选项右侧的"浏览"按钮选择图像，或直接在选项的文本框中输入图像的路径。

"List-style-Position（位置）"选项：用于描述列表的位置，包括"inside（内）"和"outside（外）"两个选项。

8.5.8　定位

"定位"分类用于精确控制网页元素的位置，主要针对层的位置进行控制，"定位"选项面板如图8-58所示。

图8-58

"定位"面板包括以下几种CSS属性，其他对话框中已讲解过的这里不再赘述。

"Position（类型）"选项：确定定位的类型，其下拉列表中包括"absolute（绝对）""fixed（固定）""relative（相对）""static（静态）"4个选项。"absolute（绝对）"选项表示以页面左上角为坐标原点，使用"定位"选项

中输入的坐标值来放置层；"fixed（固定）"选项表示以页面左上角为坐标原点放置内容，当用户滚动页面时，内容将在此位置保持固定。"relative（相对）"选项表示以对象在文档中的位置为坐标原点，使用"定位"选项中输入的坐标来放置层；"static（静态）"选项表示以对象在文档中的位置为坐标原点，将层放在它在文本中的位置处。该选项不显示在文档窗口中。

"Visibility（显示）"选项：确定层的初始显示条件，包括"inherit（继承）""visible（可见）""hidden（隐藏）"3个选项。"inherit（继承）"选项表示继承父级层的可见性属性。如果层没有父级层，则它将是可见的。"visible（可见）"选项表示无论父级层如何设置，都显示该层的内容。"hidden（隐藏）"选项表示无论父级层如何设置，都隐藏层的内容。如果不设置"Visibility（显示）"选项，则默认情况下大多数浏览器继承父级层的属性。

"Z-Index（z轴）"选项：确定层的堆叠顺序，为元素设置重叠效果。编号较高的层显示在编号较低的层的上面。该选项使用整数，可以为正，也可以为负。

"Overflow（溢位）"选项：此选项仅限于CSS层，用于确定在层的内容超出它的尺寸时的显示状态。其中，"visible（可见）"选项表示当层的内容超出层的尺寸时，层向右下方扩展以增加层的大小，使层内的所有内容可见。"hidden（隐藏）"选项表示保持层的大小并剪辑层内任何超出层尺寸的内容。"scroll（滚动）"选项表示不论层的内容是否超出层的边界都在层内添加滚动条。"scroll（滚动）"选项不显示在文档窗口中，并且仅适用于支持滚动条的浏览器。"auto（自动）"选项表示滚动条仅在层的内容超出层的边界时才显示。"auto（自动）"选项不显示在文档窗口中。

8.5.9 扩展

"扩展"分类主要用于控制鼠标指针形状、控制打印时的分页及为网页元素添加滤镜效果，但它仅支持IE浏览器4.0版本和更高的版本。"扩展"选项面板如图8-59所示。

图8-59

"扩展"面板包括以下几种CSS属性。

"分页"选项组：在打印期间为打印的页面设置强行分页，包括"Page-break-before（之前）"和"Page-break-after（之后）"两个选项。

"Cursor（光标）"选项：当鼠标指针位于样式所控制的对象上时改变鼠标指针的形状。IE浏览器4.0版本和更高版本及Netscape Navigator浏览器6.0版本支持该属性。

"Filter（滤镜）"选项：对样式控制的对象应用特殊效果，常用对象有图形、表格、图层等。

8.5.10 过渡

"过渡"分类主要用于控制动画属性的变化，以响应触发器事件，如悬停、单击和聚焦等。"过渡"选项面板如图8-60所示。

图8-60

"过渡"面板包括以下几种CSS属性。

"所有可动画属性"选项：勾选后可以设置所有的动画属性。

"属性"选项：可以为CSS过渡效果添加属性。

"持续时间"选项：CSS过渡效果的持续时间。

"延迟"选项：CSS过渡效果的延迟时间。

"计时功能"选项：设置动画的计时方式。

8.6 过滤器

随着网页设计技术的发展，人们希望能在页面中添加一些多媒体属性，如渐变和过滤效果等，CSS技术使这些成为可能。Dreamweaver提供的"CSS过滤器"属性可以将可视化的过滤器和转换效果添加到一个标准的HTML元素上。

命令介绍

CSS的静态过滤器：静态过滤器使被施加的对象产生各种静态的特殊效果。

8.6.1 课堂案例——傲多特摄影网页

【案例学习目标】使用"CSS样式"命令，制作图片黑白效果。

【案例知识要点】使用"图像"按钮，插入图片；使用Gray滤镜，制作图片黑白效果，如

图8-61所示。

【**效果所在位置**】Ch08/效果/傲多特摄影网页/index.html。

图8-61

（1）选择"文件 > 打开"命令，在弹出的"打开"对话框中，选择本书学习资源中的"Ch08 > 素材 > 傲多特摄影网页 > index.html"文件，单击"打开"按钮打开文件，如图8-62所示。将光标置入图8-63所示的单元格中。

图8-62

图8-63

（2）单击"插入"面板"常用"选项卡中

的"图像"按钮 ⊡·，在弹出的"选择图像源文件"对话框中，选择本书学习资源中的"Ch08 > 素材 > 傲多特摄影网页 > images"文件夹中的"img_1.png"文件，单击"确定"按钮完成图片的插入，如图8-64所示。用相同的方法插入其他图像，效果如图8-65所示。

图8-64

图8-65

（3）选择"窗口 > CSS样式"命令，弹出"CSS样式"面板，单击面板下方的"新建CSS规则"按钮 ᕊ，在弹出的"新建CSS规则"对话框中进行设置，如图8-66所示。单击"确定"按钮，弹出".pic的CSS规则定义"对话框，在左侧的"分类"列表中选择"方框"选项，取消勾选"Margin"选项组中的"全部相同"复选框，将"Right"和"Left"选项均设为5，如图8-67所示。

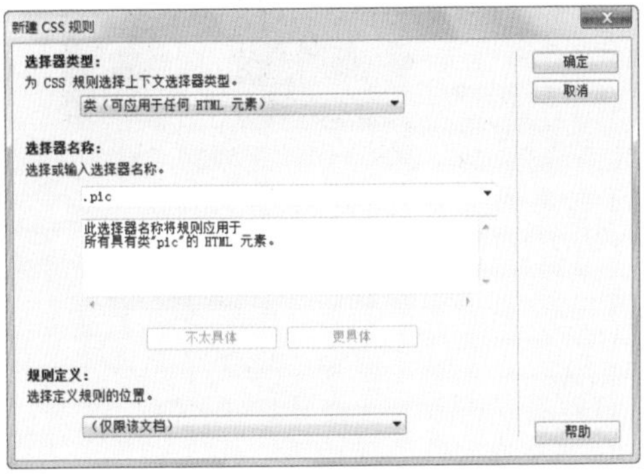

图8-66

图8-67

（4）在左侧的"分类"列表中选择"扩展"
选项，将"Filter"选项设为"Gray"，如图8-68
所示。单击"确定"按钮，完成样式的创建。

图8-68

（5）选中图8-69所示的图片，在"属性"面
板"类"选项的下拉列表中选择"pic"选项，如
图8-70所示。应用样式，效果如图8-71所示。用
相同的方法为其他图像应用样式。

图8-69

图8-70

图8-71

（6）在Dreamweaver CS6中看不到过滤器的
真实效果，只有在浏览器的状态下才能看到真实
效果。保存文档，按F12键预览效果，如图8-72
所示。

图8-72

8.6.2 可应用过滤的HTML标签

　　CSS过滤器不仅可以施加在图像上，而且可
以施加在文字、表格和图层等网页元素上，但
并不是所有的HTML标签都可以施加CSS过滤器，
只有BODY（网页主体）、BUTTON（按钮）、
DIV（层）、IMG（图像）、INPUT（表单的输入
元素）、MARQUEE（滚动）、SPAN（段落内的
独立行元素）、TABLE（表格）、TD（表格内单
元格）、TEXTAREA（表单的多行输入元素）、
TFOOT（当作注脚的表格行）、TH（表格的表
头）、THEAD（表格的表头行）、TR（表格的一
行）等HTML标签上可以施加CSS过滤器。

启用"Table的CSS规则定义"对话框,在"分类"选项列表中选择"扩展"选项,在右侧"滤镜"选项的下拉列表中可以选择静态或动态过滤器。

8.6.3 CSS的静态过滤器

CSS中有静态过滤器和动态过滤器两种过滤器。IE浏览器4.0版本支持以下13种静态过滤器。

(1) Alpha过滤器:让对象呈现渐变的半透明效果,包含选项及其功能如下。

Opacity选项:以百分比的方式设置图片的透明程度,值为0~100,0表示完全透明,100表示完全不透明。

FinishOpacity选项:和Opacity选项一起以百分比的方式设置图片的透明渐进效果,值为0~100,0表示完全透明,100表示完全不透明。

Style选项:设定渐进的显示形状。

StartX选项:设定渐进开始的x坐标值。

StartY选项:设定渐进开始的y坐标值。

FinishX选项:设定渐进结束的x坐标值。

FinishY选项:设定渐进结束的y坐标值。

(2) Blur过滤器:让对象产生风吹的模糊效果,包含选项及其功能如下。

Add选项:是否在应用Blur过滤器的HTML元素上显示原对象的模糊方向,0表示不显示原对象,1表示显示原对象。

Direction选项:设定模糊的方向,0表示向上,90表示向右,180表示向下,270表示向左。

Strength选项:以像素为单位设定图像模糊的半径大小,默认值是5,取值范围是自然数。

(3) Chroma过滤器:将图片中的某个颜色变成透明的,包含Color选项,用来指定要变成透明的颜色。

(4) DropShadow过滤器:让文字或图像产生下落式的阴影效果,包含选项及其功能如下。

Color选项:设定阴影的颜色。

OffX选项:设定阴影相对于文字或图像在水平方向上的偏移量。

OffY选项:设定阴影相对于文字或图像在垂直方向上的偏移量。

Positive选项:设定阴影的透明程度。

(5) FlipH 和FlipV过滤器:在HTML元素上产生水平和垂直的翻转效果。

(6) Glow过滤器:在HTML元素的外轮廓上产生光晕效果,包含Color和Strength两个选项。Color选项:用于设定光晕的颜色。

Strength选项:用于设定光晕的范围。

(7) Gray过滤器:让彩色图片产生灰色调效果。

(8) Invert过滤器:让彩色图片产生照片底片的效果。

(9) Light过滤器:在HTML元素上产生模拟光源的投射效果。

(10) Mask过滤器:在图片上加上遮罩色,包含Color选项,用于设定遮罩的颜色。

(11) Shadow过滤器:与DropShadow过滤器一样,让文字或图像产生下落式的阴影效果,但Shadow过滤器生成的阴影有渐进效果。

(12) Wave过滤器:在HTML元素上产生垂直方向的波浪效果,包含选项及其功能如下。

Add选项:是否在应用Wave过滤器的HTML元素上显示原对象的模糊方向,0表示不显示原对象,1表示显示原对象。

Freq选项:设定波动的数量。

LightStrength选项:设定光照效果的光照程度,值为0~100,0表示光照最弱,100表示光照最强。

Phase选项:以百分数的方式设定波浪的起始相位,值为0~100。

Strength选项:设定波浪的摇摆程度。

(13) Xray过滤器:显示图片的轮廓,如同

X光片的效果。

8.6.4 CSS的动态过滤器

动态过滤器也叫转换过滤器。Dreamweaver CS6提供的动态过滤器可以设定产生翻换图片的效果。

（1）BlendTrans过滤器：混合转换过滤器，在图片间产生淡入淡出效果，包含Duration选项，用于表示淡入淡出的时间。

（2）RevealTrans过滤器：显示转换过滤器，提供更多图像转换的效果，包含Duration和Transition选项。Duration选项表示转换的时间，Transition选项表示转换的类型。

课堂练习——优浓甜品网页

【练习知识要点】使用"Alpha"滤镜，改变图像的透明度，如图8-73所示。

【素材所在位置】Ch08/素材/优浓甜品网页/images。

【效果所在位置】Ch08/效果/优浓甜品网页/index.html。

图8-73

课后习题——人寿保险网页

【习题知识要点】使用"项目列表"按钮，创建无序列表；使用"属性"面板，创建空白链接；使用"CSS样式"命令，控制超链接的显示状态制作导航条效果，如图8-74所示。

【素材所在位置】Ch08/素材/人寿保险网页/images。

【效果所在位置】Ch08/效果/人寿保险网页/index.html。

图8-74

第 9 章

模板和库

本章介绍

　　每个网站都是由多个整齐、规范、流畅的网页组成的。为了保持站点中网页风格的统一，需要在每个网页中制作一些相同的内容，如相同栏目下的导航条、各类图标等，因此网站制作者需要花费大量的时间和精力在重复性的工作上。为了减轻网页制作者的工作量，提高他们的工作效率，将他们从大量重复性工作中解脱出来，Dreamweaver CS6提供了模板和库功能。

学习目标

◆ 了解资源面板的使用方法。

◆ 熟悉模板的创建方法及应用技巧。

◆ 掌握可编辑区域的创建方法。

◆ 了解创建库文件的方法。

◆ 掌握向页面添加库文件的方法。

技能目标

◆ 熟练掌握"游天下网页"的制作方法。

◆ 熟练掌握"律师事务所网页"的制作方法。

"资源"面板用于管理和使用制作网站的各种元素,如图像、影片文件等。选择"窗口 > 资源"命令,弹出"资源"面板,如图9-1所示。

图9-1

"资源"面板提供了"站点"和"收藏"两种查看资源的方式。"站点"列表显示站点的所有资源,"收藏"列表仅显示用户曾明确选择的资源。在这两个列表中,资源被分成图像█、颜色█、URLs█、SWF█、Shockwave█、影片█、脚本█、模板█和库█9种类别,显示在"资源"面板的左侧。

"图像"列表中只显示GIF、JPEG或PNG格式的图像文件;"颜色"列表显示站点的文档和样式表中使用的颜色,包括文本颜色、背景颜色和链接颜色;"URLs"列表显示当前站点文档中的外部链接,包括FTP、Gopher、HTTP、HTTPS、JavaScript、电子邮件(mailto)和本地文件(file://)类型的链接;"SWF"列表显示任意版本的"*swf"格式文件,不显示Flash源文件;"Shockwave"列表显示的影片是任意

版本的"*shockwave"格式文件;"影片"列表显示"*quicktime"或"*mpeg"格式文件;"脚本"列表显示独立的JavaScript或VBScript文件;"模板"列表显示模板文件,方便用户在多个页面上重复使用同一页面布局;"库"列表显示定义的库项目。

在"资源"面板中,面板底部排列4个按钮,分别是"插入"按钮█插入█、"刷新站点列表"按钮█、"编辑"按钮█和"新建模板"按钮█。"插入"按钮用于将"资源"面板中选定的元素直接插入文档中;"刷新站点列表"按钮用于刷新站点列表;"编辑"按钮用于编辑当前选定的元素;"新建模板"按钮用于建立新的模板。单击"资源"面板右上方的"菜单"按钮█,弹出一个菜单,菜单中包括"资源"面板中的一些常用命令,如图9-2所示。

图9-2

9.2 ▶ 模板

模板可理解成模具，当需要制作相同的东西时只需将原始素材放入模板即可实现，既省时又省力。Dreamweaver CS6提供的模板也基于此目的，要制作大量相同或相似的网页时，只需在页面布局设计好之后将它保存为模板页面，然后利用模板创建相同布局的网页，并且在修改模板的同时修改附加该模板的所有页面的布局。这样，就能大大提高设计者的工作效率。

当将文档另存为模板时，Dreamweaver CS6自动锁定文档的大部分区域。模板创作者需指定模板文档中的哪些区域可编辑；哪些网页元素应长期保留，不可编辑。

Dreamweaver CS6中共有4种类型的模板区域。

可编辑区域：基于模板的文档中的未锁定区域，它是模板用户可以编辑的部分。模板创作者可以将模板的任何区域指定为可编辑区域。要让模板生效，它应该至少包含一个可编辑区域，否则，将无法编辑基于该模板的页面。

重复区域：文档中设置为重复的布局部分。例如，可以设置重复一个表格行。通常重复区域是可编辑的，这样模板用户可以编辑重复元素中的内容，同时使设计本身处于模板创作者的控制之下。在基于模板的文档中，模板用户可以根据需要，使用重复区域控制选项添加或删除重复区域的副本。用户可在模板中插入两种类型的重复区域，即重复区域和重复表格。

可选区域：在模板中被指定为可选的部分，用于保存有可能在基于模板的文档中出现的内容，如可选文本或图像。在基于模板的页面上，模板用户通常控制是否显示内容。

可编辑标签属性：在模板中解锁标签属性，以便该属性可以在基于模板的页面中编辑。

命令介绍

定义和取消可编辑区域：创建模板后，需要根据用户的需求对模板的内容进行编辑，指定哪些内容是可以编辑的，哪些内容是不可以编辑的。

9.2.1　课堂案例——游天下网页

【案例学习目标】使用"插入"面板"常用"选项卡中的按钮创建模板网页效果。

【案例知识要点】使用"创建模板"按钮，创建模板；使用"可编辑区域"按钮和"重复区域"按钮，制作可编辑区域和重复可编辑区域效果，如图9-3所示。

【效果所在位置】Templates/tpl.dwt。

图9-3

1. 创建模板

（1）选择"文件 > 打开"命令，在弹出的"打开"对话框中，选择本书学习资源中的"Ch09 > 素材 > 游天下网页 > index.html"文件，单击"打开"按钮打开文件，如图9-4所示。

图9-4

（2）单击"插入"面板"常用"选项卡中，"创建模板"按钮 ，在弹出的"另存模板"对话框中进行设置，如图9-5所示。单击"保存"按钮，弹出"Dreamweaver"提示对话框，如图9-6所示。单击"是"按钮，将当前文档转换为模板文档，文档名称也随之改变，如图9-7所示。

图9-5

图9-6

图9-7

2. 创建可编辑区域

（1）选中图9-8所示的单元格，单击"插入"面板"常用"选项卡中的"重复区域"按钮

，弹出"新建重复区域"对话框，在"名称"文本框中输入名称，如图9-9所示。单击"确定"按钮创建重复可编辑区域，如图9-10所示。

图9-8

图9-9

图9-10

（2）选中图9-11所示的图像，单击"插入"面板"常用"选项卡中的"可编辑区域"按钮 ，弹出"新建可编辑区域"对话框，在"名称"文本框中输入名称，如图9-12所示。单击"确定"按钮创建可编辑区域，如图9-13所示。

图9-11

图9-12

图9-13

（3）模板网页效果制作完成，如图9-14所示。

图9-14

9.2.2 创建模板

在Dreamweaver CS6中创建模板非常容易，如同制作网页一样。当用户创建模板之后，Dreamweaver CS6自动把模板存储在站点的本地根目录下的"Templates"子文件夹中，文件扩展名为.dwt。如果此文件夹不存在，当存储一个新模板时，Dreamweaver CS6将自动生成此子文件夹。

1. 创建空模板

创建空模板有以下3种方法。

① 在打开的文档窗口中单击"插入"面板"常用"选项卡中的"创建模板"按钮 ，将当前文档转换为模板文档。

② 在"资源"面板中单击"模板"按钮 ，此时列表为模板列表，如图9-15所示。然后单击下方的"新建模板"按钮 ，创建空模板，此时新的模板添加到"资源"面板的"模板"列表中，为该模板输入名称，如图9-16所示。

图9-15   图9-16

③ 在"资源"面板的"模板"列表中单击鼠标右键，在弹出的菜单中选择"新建模板"命令。

> 🔍 **提示**
>
> 如果要修改新建的空模板，则先在"模板"列表中选中该模板，然后单击"资源"面板右下方的"编辑"按钮 。如果要重命名新建的空模板，则单击"资源"面板右上方的菜单按钮 ，从弹出的菜单中选择"重命名"命令，然后输入新名称。

2. 将现有文档存为模板

（1）选择"文件 > 打开"命令，在弹出的"打开"对话框中选择要作为模板的网页，如图9-17所示，然后单击"打开"按钮。

图9-17

（2）选择"文件 > 另存为模板"命令，在弹出的"另存模板"对话框中输入模板名称，如图9-18所示。

图9-18

（3）单击"保存"按钮，弹出"Dreamweaver"提示对话框，如图9-19所示。单击"是"按钮，当前文档的扩展名为.dwt，如图9-20所示，表明当前文档是一个模板文档。

图9-19

图9-20

9.2.3 定义和取消可编辑区域

创建模板后，网站设计者需要根据用户的需求对模板的内容进行编辑，指定哪些内容是可以编辑的，哪些内容是不可以编辑的。模板的不可编辑区域是指基于模板创建的网页中固定不变的元素，模板的可编辑区域是指基于模板创建的网页中用户可以编辑的区域。当创建一个模板或将一个网页另存为模板时，Dreamweaver CS6默认将所有区域标志为锁定，因此用户要根据具体要求定义和修改模板的可编辑区域。

1. 对已有的模板进行修改

在"资源"面板的"模板"列表中选择要修改的模板名，单击面板右下方的"编辑"按钮或双击模板名后，就可以在文档窗口中编辑该模板了。

提示

当模板应用于文档时，用户只能在可编辑区域中进行更改，无法修改锁定区域。

2. 定义可编辑区域

（1）选择区域。

选择区域有以下两种方法。

① 在文档窗口中选择要设置为可编辑区域的文本或内容。

② 在文档窗口中将插入点放在要插入可编辑区域的地方。

（2）弹出"新建可编辑区域"对话框。

弹出"新建可编辑区域"对话框有以下4种方法。

① 单击"插入"面板"常用"选项卡中的"模板"展开式按钮，选择"可编辑区域"按钮。

② 按Ctrl＋Alt＋V组合键。

③ 选择"插入 > 模板对象 > 可编辑区域"命令。

④ 在文档窗口中单击鼠标右键，在弹出的菜单中选择"模板 > 新建可编辑区域"命令。

（3）创建可编辑区域。

在"名称"选项的文本框中为该区域输入唯一的名称，如图9-21所示。最后单击"确定"按钮创建可编辑区域，如图9-22所示。

图9-21

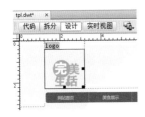

图9-22

可编辑区域在模板中由高亮显示的矩形边框围绕，该边框使用在"首选参数"对话框中设置的高亮颜色，该区域左上角的选项卡显示该区域的名称。

（4）使用可编辑区域的注意事项。

① 不要在"名称"选项的文本框中使用特殊字符。

② 不能对同一模板中的多个可编辑区域使用相同的名称。

③ 可以将整个表格或单独的表格单元格标志为可编辑区域，但不能将多个表格单元格标志为单个可编辑区域。如果选定<td>标签，则可编辑区域中包括单元格周围的区域；如果未选定，则可编辑区域将只影响单元格中的内容。

④ 层和层内容是单独的元素。使层可编辑时可以更改层的位置及其内容，而使层的内容可编辑时只能更改层的内容而不能更改其位置。

⑤ 在普通网页文档中插入一个可编辑区域，Dreamweaver CS6会警告该文档将自动另存为模板。

⑥ 可编辑区域不能嵌套插入。

3. 定义可编辑的重复区域

重复区域可以根据需要在基于模板的页面中复制任意次数的模板部分。重复区域通常用于表格，但也可以为其他页面元素定义重复区域。但是重复区域不是可编辑区域，若要使重复区域中的内容可编辑，必须在重复区域内插入可编辑区域。

定义重复区域的具体操作步骤如下。

（1）选择区域。

（2）启用"新建重复区域"对话框。

弹出"新建重复区域"对话框有以下3种方法。

① 单击"插入"面板"常用"选项卡中的"模板"展开式按钮，选择"重复区域"按钮。

② 选择"插入>模板对象>重复区域"命令。

③ 在文档窗口中单击鼠标右键，在弹出的菜单中选择"模板>新建重复区域"命令。

（3）定义重复区域。

在"名称"选项的文本框中为模板区域输入唯一的名称，如图9-23所示。单击"确定"按钮，将重复区域插入模板中。最后选择重复区域或其一部分，如表格、行或单元格，定义可编辑区域，如图9-24所示。

图9-23

图9-24

> 🔍 提示
>
> 在一个重复区域内可以继续插入另一个重复区域。

4. 定义可编辑的重复表格

有时网页的内容经常变化，此时可使用"重复表格"功能创建模板。利用此模板创建的网页可以方便地增加或减少表格中格式相同的行，满足内容变化的网页布局。要创建包含重复行格式的可编辑区域，需要使用"重复表格"按钮。可以定义表格属性，并设置哪些表格中的单元格可编辑。

定义重复表格的具体操作步骤如下。

（1）将插入点放在文档窗口中要插入重复表格的位置。

（2）弹出"插入重复表格"对话框，如图9-25所示。

图9-25

弹出"插入重复表格"对话框有以下两种方法。

①单击"插入"面板"常用"选项卡中的"模板"展开式按钮 ，选择"重复表格"按钮 。

②选择"插入>模板对象>重复表格"命令。

"插入重复表格"对话框中各选项的作用如下。

"行数"选项：设置表格具有的行的数目。

"列"选项：设置表格具有的列的数目。

"单元格边距"选项：设置单元格内容和单元格边界之间的像素数。

"单元格间距"选项：设置相邻的表格单元格之间的像素数。

"宽度"选项：以像素为单位或以浏览器窗口宽度的百分比设置表格的宽度。

"边框"选项：以像素为单位设置表格边框的宽度。

"重复表格行"选项组：设置表格中的哪些行包含在重复区域中。

"起始行"选项：将输入的行号设置为包括在重复区域中的第一行。

"结束行"选项：将输入的行号设置为包括在重复区域中的最后一行。

"区域名称"选项：为重复区域设置唯一的名称。

（3）按需要输入新值，单击"确定"按钮，重复表格即可出现在模板中，如图9-26所示。

图9-26

用重复表格要注意以下3点。

① 如果没有明确指定单元格边距和单元格间距的值，则大多数浏览器按单元格边距设置为1，单元格间距设置为2来显示表格。若要浏览器显示的表格没有边距和间距，需将"单元格边距"选项和"单元格间距"选项设置为0。

② 如果没有明确指定边框的值，则大多数浏览器按边框设置为1来显示表格。若要浏览器显示的表格没有边框，需将"边框"设置为0。若要在边框设置为0时查看单元格和表格边框，则要选择"查看>可视化助理>表格边框"命令。

③ 重复表格可以包含在重复区域内，但不能包含在可编辑区域内。

5. 取消可编辑区域标记

使用"取消可编辑区域"命令可取消可编辑区域的标记，使之成为不可编辑区域。取消可编辑区域标记有以下两种方法。

（1）先选择可编辑区域，然后选择"修改>模板>删除模板标记"命令，此时该区域变成不可编辑区域。

（2）先选择可编辑区域，然后在文档窗口下方的可编辑区域标签上单击鼠标右键，在弹出的菜单中选择"删除标签"命令，如图9-27所示，此时该区域变成不可编辑区域。

图9-27

9.2.4 创建基于模板的网页

创建基于模板的网页有两种方法，一是使用"新建"命令创建基于模板的新文档；二是应用"资源"面板中的模板来创建基于模板的网页。

1. 使用新建命令创建基于模板的新文档

（1）选择"文件 > 新建"命令，打开"新建文档"对话框，单击"模板中的页"标签，在"站点"选项框中选择本网站的站点，如"文稿站点"，再从右侧的选项框中选择一个模板文件，如图9-28所示。单击"创建"按钮，创建基于模板的新文档。

图9-28

（2）编辑完文档后，选择"文件 > 保存"命令，保存所创建的文档。在文档窗口中按照模板中的设置建立了一个新的页面，并可向编辑区域内添加信息，如图9-29所示。

图9-29

2. 应用"资源"面板中的模板创建基于模板的网页

新建HTML文档，选择"窗口 > 资源"命令，弹出"资源"面板。单击左侧的"模板"按钮，再从模板列表中选择相应的模板，最后单击面板下方的"应用"按钮，在文档中应用该模板，如图9-30所示。

图9-30

9.2.5 管理模板

创建模板后可以重命名模板文件、修改模板文件和删除模板文件。

1. 重命名模板文件

（1）选择"窗口 > 资源"命令，弹出"资源"面板，单击左侧的"模板"按钮，面板右侧显示本站点的模板列表。

（2）在模板列表中，双击模板的名称选中文本，然后输入一个新名称，如图9-31所示。

图9-31

（3）按Enter键使更改生效，此时弹出"更新文件"对话框，如图9-32所示。若更新网站中所有基于此模板的网页，单击"更新"按钮；否则，单击"不更新"按钮。

图9-32

2. 修改模板文件

（1）选择"窗口 > 资源"命令，弹出"资源"面板，单击左侧的"模板"按钮，面板右侧显示本站点的模板列表，如图9-33所示。

图9-33

（2）在模板列表中双击要修改的模板文件将其打开，根据需要修改模板内容。例如，将表格首行的背景色设置为黄色（#FC3），如图9-34所示。

原图

新图

图9-34

3. 更新站点

用模板的最新版本更新整个站点或应用特定模板的所有网页的具体操作步骤如下。

（1）弹出"更新页面"对话框。

选择"修改 > 模板 > 更新页面"命令，弹出"更新页面"对话框，如图9-35所示。

图9-35

"更新页面"对话框中各选项的作用如下。

"查看"选项：设置是用模板的最新版本更新整个站点还是更新应用特定模板的所有网页。

"更新"选项组：设置更新的类别，此时选择"模板"复选框。

"显示记录"选项：设置是否查看Dreamweaver CS6更新文件的记录。如果选择"显示记录"复选框，则Dreamweaver CS6将提供关于其试图更新的文件信息，包括是否更新成功的信息，如图9-36所示。

图9-36

"开始"按钮：单击此按钮，Dreamweaver CS6按照指示更新文件。

"关闭"按钮：单击此按钮，关闭"更新页面"对话框。

（2）若用模板的最新版本更新整个站点，则在"查看"选项右侧的第一个下拉列表中选择"整个站点"，然后在第二个下拉列表中选择站点名称；若更新应用特定模板的所有网页，则在"查看"选项右侧的第一个下拉列表中选择"文件使用…"，然后从第二个下拉列表中选择相应的网页名称。

（3）在"更新"选项组中选择"模板"复选框。

（4）单击"开始"按钮，即可根据选择更新整个站点或更新应用特定模板的所有网页。

（5）单击"关闭"按钮，关闭"更新页面"对话框。

4. 删除模板文件

选择"窗口 > 资源"命令，启用"资源"面板。单击左侧的"模板"按钮，面板右侧显示本站点的模板列表。单击模板的名称选择该模板，单击面板下方的"删除"按钮，并确认要删除该模板，此时该模板文件从站点中删除。

> **提示**
>
> 删除模板后，基于此模板的网页不会与此模板分离，它们还保留删除模板的结构和可编辑区域。

9.3 库

库是存储重复使用的页面元素的集合，是一种特殊的Dreamweaver CS6文件，库文件也称为库项目。一般情况下，先将经常重复使用或更新的页面元素创建成库文件，需要时将库文件（即库项目）插入网页中。当修改库文件时，所有包含该项目的页面都将被更新。因此，使用库文件可大大提高网页制作者的工作效率。

命令介绍

创建库文件：可以将文本、表格、表单、Java applet、插件、ActiveX元素、导航条和图像等创建为库文件。

9.3.1 课堂案例——律师事务所网页

【案例学习目标】使用"库"面板，添加库项目并使用注册的项目制作网页文档。

【案例知识要点】使用"库"面板，添加库项目；使用"库"中注册的项目制作网页文档；

使用"CSS样式"命令，改变文本的颜色，如图9-37所示。

图9-37

【效果所在位置】Ch09/效果/律师事务所网页/index.html。

1. 把经常用的图标注册到库中

（1）选择"文件 > 打开"命令，在弹出的"打开"对话框中，选择本书学习资源中的"Ch09 > 素材 > 律师事务所网页 > index.html"文件，单击"打开"按钮打开文件，如图9-38所示。

图9-38

（2）选择"窗口 > 资源"命令，弹出"资源"面板，单击左侧的"库"按钮 📖，进入"库"面板，选择图9-39所示的图片。按住鼠标左键将其拖曳到"库"面板中，如图9-40所示。

图9-39　　　　　　　图9-40

（3）松开鼠标左键，选定的图像将添加为库项目，如图9-41所示。在可输入状态下，将其重命名为"logo"，按Enter键确认，如图9-42所示。

图9-41　　　　　　　图9-42

（4）选择图9-43所示的图片，按住鼠标左键将其拖曳到"库"面板中。松开鼠标左键，选定的图像将添加为库项目。在可输入状态下，将其重命名为"daohang"，按Enter键确认。

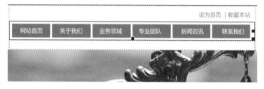

图9-43

（5）选择图9-44所示的文字，按住鼠标左键将其拖曳到"库"面板中，如图9-45所示。松开鼠标左键，选定的图像将添加为库项目，如图9-46所示。在可输入状态下，将其重命名为"text"并按Enter键，效果如图9-47所示。文档窗口中文本的背景变成黄色，效果如图9-48所示。

图9-44

图9-45　　　　　　　图9-46

148

图9-47

图9-48

2. 利用库中注册的项目制作网页文档

（1）选择"文件 > 打开"命令，在弹出的"打开"对话框中，选择本书学习资源中的"Ch09 > 素材 > 律师事务所网页 > ziye.html"文件，单击"打开"按钮，效果如图9-49所示。将光标置入图9-50所示的单元格中。

图9-49

中，如图9-52所示。然后松开鼠标左键，效果如图9-53所示。

图9-51

图9-52

图9-53

（3）选择"库"面板中的"daohang"选项，按住鼠标左键将其拖曳到单元格中，效果如图9-54所示。

图9-54

（4）选择"库"面板中的"text"选项，按住鼠标左键将其拖曳到单元格中，效果如图9-55所示。

图9-55

图9-50

（2）选择"库"面板中的"logo"选项，如图9-51所示，按住鼠标左键将其拖曳到单元格

（5）保存文档，按F12键预览效果，如图9-56所示。

图9-56

3. 修改库中注册的项目

（1）返回Dreamweaver CS6界面中，在"库"面板中双击"text"选项，进入项目的编辑界面中，效果如图9-57所示。

图9-57

（2）按Shift+F11组合键，弹出"CSS样式"面板，单击面板下方的"新建CSS规则"按钮，在弹出的"新建CSS规则"对话框中进行设置，如图9-58所示。

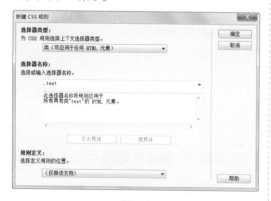

图9-58

（3）单击"确定"按钮，弹出".text的CSS规

则定义"对话框，在左侧的"分类"列表中选择"类型"选项，将"Font-family"选项设为"微软雅黑"，将"Font-size"选项设为16，"Color"选项设为红色（#F00），如图9-59所示。

图9-59

（4）选择图9-60所示的文字，在"属性"面板"类"选项的下拉列表中选择"text"选项，应用样式，效果如图9-61所示。

图9-60

图9-61

（5）选择"文件＞保存"命令，弹出"更新库项目"对话框，如图9-62所示。单击"更新"按钮，弹出"更新页面"对话框，如图9-63所示。单击"关闭"按钮。

图9-62

图9-63

（6）返回到"ziye.html"编辑窗口中，按F12键预览效果，可以看到文字的颜色发生了改变，如图9-64所示。

图9-64

9.3.2 创建库文件

库项目可以包含文档<body>部分中的任意元素，包括文本、表格、表单、Java applet、插件、ActiveX元素、导航条和图像等。库项目只是对网页元素的一个引用，原始文件必须保存在指定的位置。

可以使用文档<body>部分中的任意元素创建库文件，也可新建一个空白库文件。

1. 基于选定内容创建库项目

先在文档窗口中选择要创建为库项目的网页元素，然后创建库项目，并为新的库项目输入一个名称。

创建库项目有以下4种方法。

① 选择"窗口 > 资源"命令，弹出"资源"面板。单击"库"按钮，进入"库"面板，按住鼠标左键将选定的网页元素拖曳到"资源"面板中，如图9-65所示。

图9-65

② 单击"库"面板底部的"新建库项目"按钮。

③ 在"库"面板中单击鼠标右键，在弹出的菜单中选择"新建库项目"命令。

④ 选择"修改 > 库 > 增加对象到库"命令。

> **提示**
> Dreamweaver CS6在站点本地根文件夹的"Library"文件夹中，将每个库项目都保存为一个单独的文件（文件扩展名为.lbi）。

2. 创建空白库项目

（1）确保没有在文档窗口中选择任何内容。

（2）选择"窗口 > 资源"命令，弹出"资源"面板。单击"库"按钮，进入"库"面板。

（3）单击"库"面板底部的"新建库项目"按钮，一个新的无标题的库项目被添加到面板的列表中，如图9-66所示。然后为该项目输入一个名称，并按Enter键确定。

图9-66

9.3.3　向页面添加库项目

当向页面添加库项目时，将把实际内容以及对该库项目的引用一起插入文档中。此时，无须提供原项目就可以正常显示。在页面中插入库项目的具体操作步骤如下。

（1）将插入点放在文档窗口中的合适位置。

（2）选择"窗口 > 资源"命令，弹出"资源"面板。单击"库"按钮，进入"库"面板。将库项目插入网页中，效果如图9-67所示。

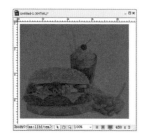

图9-67

将库项目插入网页有以下两种方法。

① 将一个库项目从"库"面板拖曳到文档窗口中。

② 在"库"面板中选择一个库项目，然后单击面板底部的"插入"按钮 插入 。

<p>🔍 提示</p>

> 若要在文档中插入库项目的内容而不包括对该项目的引用，则在从"资源"面板向文档中拖曳该项目的同时按Ctrl键，插入的效果如图9-68所示。用这种方法插入项目，可以在文档中编辑该项目，但当更新该项目时，使用该库项目的文档不会随之更新。

图9-68

9.3.4　更新库文件

当修改库项目时，会更新使用该项目的所有文档。如果选择不更新，那么文档将保持与库项目的关联，可以在以后进行更新。

对库项目的更改包括重命名库项目、删除库项目、重新创建已删除的库项目、修改库项目、更新库项目。

1. 重命名库项目

重命名库项目可以断开其与文档或模板的连接。重命名库项目的具体操作步骤如下。

（1）选择"窗口 > 资源"命令，弹出"资源"面板。单击"库"按钮，进入"库"面板。

（2）在库列表中，双击要重命名的库项目的名称，以便使文本可选，然后输入一个新名称。

（3）按Enter键使更改生效，此时弹出"更新文件"对话框，如图9-69所示。若要更新站点中所有使用该项目的文档，单击"更新"按钮，否则单击"不更新"按钮。

图9-69

2. 删除库项目

先选择"窗口 > 资源"命令，弹出"资源"面板。单击"库"按钮，进入"库"面板，然后删除选择的库项目。删除库项目有以下两种方法。

① 在"库"面板中单击选择库项目，单击面板底部的"删除"按钮🗑，然后确认要删除该项目。

② 在"库"面板中单击选择库项目，然后按Delete键并确认要删除该项目。

🔍 提 示

删除一个库项目后，将无法使用"编辑 > 撤销"命令找回它，只能重新创建。从库中删除库项目后，不会更改任何使用该项目的文档的内容。

3. 重新创建已删除的库项目

若网页中已插入了库项目，但该库项目被误删，此时，可以重新创建库项目。重新创建已删除库项目的具体操作步骤如下。

（1）在网页中选择被删除的库项目的一个实例。

（2）选择"窗口 > 属性"命令，弹出"属性"面板，如图9-70所示。单击"重新创建"按钮，此时，"库"面板中显示该库项目。

图9-70

4. 修改库项目

（1）选择"窗口 > 资源"命令，弹出"资源"面板，单击左侧的"库"按钮📖，面板右侧显示本站点的库列表，如图9-71所示。

（2）在库列表中双击要修改的库或单击面板底部的"编辑"按钮✏来打开库项目，效果如图9-72所示，此时，可以根据需要修改库内容。

图9-71

图9-72

5. 更新库项目

用库项目的最新版本更新整个站点或更新插入该库项目的所有网页的具体操作步骤如下。

（1）弹出"更新页面"对话框。

（2）要用库项目的最新版本更新整个站点，则在"查看"选项右侧的第一个下拉列表中选择"整个站点"，然后从第二个下拉列表中选择站点名称。若要更新插入该库项目的所有网页，则在"查看"选项右侧的第一个下拉列表中选择"文件使用…"，然后从第二个下拉列表中选择相应的网页名称。

（3）在"更新"选项组中选择"库项目"复选框。

（4）单击"开始"按钮，即可根据选择更新整个站点或更新应用特定模板的所有网页。

（5）单击"关闭"按钮关闭"更新页面"对话框。

课堂练习——水果慕斯网页

【练习知识要点】使用"另存模板"命令,将页面存为模板;使用"重复区域"和"可编辑区域"按钮,添加重复区域和可编辑区域,如图9-73所示。

【素材所在位置】Ch09/素材/水果慕斯网页/images。

【效果所在位置】Templates/tpl.dwt。

图9-73

课后习题——老年公寓网页

【习题知识要点】使用"库"面板,添加库项目;使用库中注册的项目,制作网页文档,如图9-74所示。

【素材所在位置】Ch09/素材/老年公寓网页/images。

【效果所在位置】Ch09/效果/老年公寓网页/index.html。

图9-74

第 *10* 章

使用表单

本章介绍

随着网络的普及，越来越多的人在网上拥有自己的个人网站。一般情况下，个人网站的设计者除了想宣传自己外，还希望收到他人的反馈信息。表单为网站设计者提供了通过网络接收用户数据的平台，如注册会员页、网上订货页、检索页等，都是通过表单来收集用户信息的。因此，表单是网站管理者与浏览者间沟通的桥梁。

学习目标

◆ 了解表单的使用方法。

◆ 熟悉单行、密码、多行和电子邮件文本域的创建方法。

◆ 熟悉单选按钮、单选按钮组和复选框的创建方法。

◆ 了解下拉菜单、滚动列表的创建方法。

◆ 熟悉文件域、图像域和按钮的创建方法。

技能目标

◆ 熟练掌握"用户登录界面"的制作方法。

◆ 熟练掌握"人力资源网页"的制作方法。

◆ 熟练掌握"爱尚家装网页"的制作方法。

◆ 熟练掌握"充值中心网页"的制作方法。

表单是一个容器对象，用来存放表单对象，并负责将表单对象的值提交给服务器端的某个程序处理，所以在添加文本域、按钮等表单对象之前，要先插入表单。

命令介绍

文本域：用来接收用户输入的信息。

10.1.1 课堂案例——用户登录界面

【**案例学习目标**】使用"插入"面板"常用"选项卡中的按钮，插入表格；使用"表单"选项卡中的按钮，插入文本字段、文本区域并设置相应的属性。

【**案例知识要点**】使用"表单"按钮，插入表单；使用"表格"按钮，插入表格；使用"文本字段"按钮，插入文本字段；使用"属性"面板设置表格、文本字段的属性，如图10-1所示。

【**效果所在位置**】Ch10/效果/用户登录界面/index.html。

图10-1

1. 插入表单和表格

（1）选择"文件 > 打开"命令，在弹出的"打开"对话框中，选择本书学习资源中的"Ch10 > 素材 > 用户登录界面 > index.html"文件，单击"打开"按钮打开文件，如图10-2所示。将光标置入图10-3所示的单元格中。

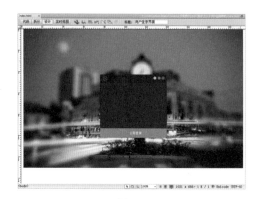

图10-2

图10-3

（2）单击"插入"面板"表单"选项卡中的"表单"按钮，插入表单，如图10-4所示。单击"插入"面板"常用"选项卡中的"表格"按钮，在弹出的"表格"对话框中进行设置，如图10-5所示。单击"确定"按钮，完成表格的插入，效果如图10-6所示。

图10-4   图10-5

图10-6

（3）选中图10-7所示的单元格，单击"属性"面板中的"合并所选单元格，使用跨度"按钮，将选中的单元格合并，效果如图10-8所示。在"属性"面板"水平"选项的下拉列表中选择"居中对齐"选项，将"高"选项设为80，效果如图10-9所示。

（4）单击"插入"面板"常用"选项卡中的"图像"按钮，在弹出的"选择图像源文件"对话框中，选择本书学习资源中的"Ch10 > 素材 > 用户登录界面 > images"文件夹中的"toux.png"文件，单击"确定"按钮完成图片的插入，效果如图10-10所示。

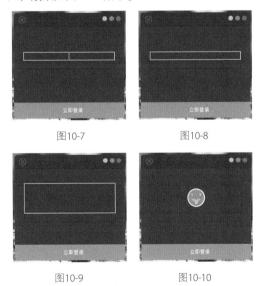

图10-7　　　　图10-8

图10-9　　　　图10-10

（5）将光标置入第2行第1列单元格中，如图10-11所示。在"属性"面板中，将"宽"选项设为50，"高"选项设为40。用相同的方法设置第3行第1列单元格，效果如图10-12所示。

图10-11　　　　图10-12

（6）将光标置入第2行第1列单元格中，单击"插入"面板"常用"选项卡中的"图像"按钮，在弹出的"选择图像源文件"对话框中，选择本书学习资源中的"Ch10 > 素材 > 用户登录界面 > images"文件夹中的"adm.png"文件，单击"确定"按钮完成图片的插入，效果如图10-13所示。用相同的方法将"key.png"文件插入相应的单元格中，如图10-14所示。

图10-13　　　　图10-14

2. 插入文本字段与密码域

（1）将光标置入图10-15所示的单元格中，单击"插入"面板"表单"选项卡中的"文本字段"按钮，在单元格中插入文本字段，如图10-16所示。

图10-15　　　　图10-16

（2）选中文本字段，在"属性"面板中，将"字符宽度"选项设为20，如图10-17所示，效果如图10-18所示。

图10-17

图10-18

（3）将光标置入图10-19所示的单元格中，单击"插入"面板"表单"选项卡中的"文本字段"按钮，在单元格中插入文本字段，如图10-20所示。

图10-19

图10-20

（4）选中文本字段，在"属性"面板中，将"字符宽度"选项设为21，选择"类型"选项组中的"密码"单选项，如图10-21所示，效果如图10-22所示。

图10-21

图10-22

（5）保存文档，按F12键预览效果，如图10-23所示。

图10-23

10.1.2　创建表单

在文档中插入表单的具体操作步骤如下。

（1）在文档窗口中，将插入点放在希望插入表单的位置。

（2）启用"表单"命令，文档窗口中出现一个红色的虚轮廓线用来指示表单域，如图10-24所示。

图10-24

启用"表单"命令有以下两种方法。

① 单击"插入"面板"表单"选项卡中的"表单"按钮，或直接拖曳"表单"按钮到文档中。

② 选择"插入 > 表单 > 表单"命令。

> 提示
>
> 一个页面中包含多个表单，每一个表单都用<form>和</form>标记来标志。在插入表单后，如果没有看到表单的轮廓线，可选择"查看 > 可视化助理 > 不可见元素"命令来显示表单的轮廓线。

10.1.3　表单的属性

在文档窗口中选择表单，"属性"面板中出现如图10-25所示的表单属性。

图10-25

表单"属性"面板中各选项的作用介绍如下。

"表单ID"选项：为表单输入一个名称。

"动作"选项：识别处理表单信息的服务器端应用程序。

"方法"选项：定义表单数据处理的方式。包括下面3个选项。

"默认"：使浏览器的默认设置将表单数据发送到服务器。通常默认方法为GET。

"GET"：将在HTTP请求中嵌入表单数据传送给服务器。

"POST"：将值附加到请求该页的URL中传送给服务器。

"编码类型"选项：指定对提交给服务器进行处理的数据使用MIME编码类型。

"目标"选项：指定一个窗口，在该窗口中显示调用程序所返回的数据。

"类"选项：将CSS规则应用于单选按钮。

10.1.4 文本域

通常使用表单的文本域来接收用户输入的信息，文本域包括单行文本域、多行文本域、密码文本域3种。一般情况下，当用户输入较少的信息时，使用单行文本域接收；当用户输入较多的信息时，使用多行文本域接收；当用户输入密码等保密信息时，使用密码文本域接收。

1. 插入单行文本域

单行文本域通常提供单字或短语响应，如姓名或地址。

使用"插入"面板"表单"选项卡中的"文本字段"按钮 可在文档窗口中添加单行文本域，如图10-26所示。

在"属性"面板中显示单行文本域的属性，如图10-27所示。用户可根据需要设置该单行文本域的各项属性。

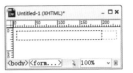

图10-26

图10-27

2. 插入密码文本域

密码文本域是特殊类型的文本域。当用户在密码文本域中输入文本时，所输入的文本被替换为星号或项目符号，以隐藏该文本，保护这些信息不被看到。

当将文本域设置为"密码"类型时将产生一个type属性为"password"的input标签。"字符宽度"和"最多字符数"设置与单行文本域中的属性设置相同。"最多字符数"将密码限制为10个字符。

3. 插入多行文本域

多行文本域为访问者提供一个较大的区域，供其输入响应。可以指定访问者最多输入的行数及对象的字符宽度。如果输入的文本超过这些设置，则该域将按照换行属性中指定的设置进行滚动。

当将文本域设置为"多行"类型时将产生一个textarea标签，"字符宽度"设置默认为cols属性。"行为"设置默认为rows属性。

"行数"选项：设置多行文本域的域高度。

"禁用"选项：设置多行文本域在浏览时的输入状态。

"只读"选项：设置多行文本域在浏览时的修改情况。

"初始值"选项：设置文本域的初始值，即在首次载入表单时文本域中显示的值。

"类"选项：将CSS规则应用于文本域对象。

若要从一组选项中选择一个选项，设计时使用单选按钮；若要从一组选项中选择多个选项，设计时使用复选框。

命令介绍

单选按钮：单选按钮的作用在于只能选中一个列出的选项。

复选框：复选框允许在一组选项中选择多个选项。

🔍 提示

当使用单选按钮时，每一组单选按钮必须具有相同的名称。

10.2.1 课堂案例——人力资源网页

【案例学习目标】使用"表单"按钮，为页面添加单选按钮和复选框。

【案例知识要点】使用"单选按钮"按钮，插入单选按钮；使用"复选框"按钮，插入复选框，如图10-28所示。

【效果所在位置】Ch10/效果/人力资源网页/index.html。

图10-28

1. 插入单选按钮

（1）选择"文件 > 打开"命令，在弹出的"打开"对话框中，选择本书学习资源中的"Ch10 > 素材 > 人力资源网页 > index.html"文件，单击"打开"按钮打开文件，如图10-29所示。将光标置入"注册类型"右侧的单元格中，

如图10-30所示。

图10-29

图10-30

（2）单击"插入"面板"表单"选项卡中的"单选按钮"按钮⊙，在光标所在位置插入一个单选按钮，效果如图10-31所示。保持单选按钮的选取状态，在"属性"面板中，选择"初始状态"选项组中的"已勾选"单选项，效果如图10-32所示。将光标置入单选按钮的后面，输入文字"个人注册"，如图10-33所示。

图10-31　　　　图10-32

图10-33

（3）选中刚插入的单选按钮，按Ctrl+C组合键，将其复制到剪切板中。将光标置入文字"个人注册"的右侧，如图10-34所示。按Ctrl+V组合键，将剪切板中的单选按钮粘贴到光标所在位置，效果如图10-35所示。

图10-34　　　　　　　　图10-35

（4）选中文字"个人注册"右侧的单选按钮，在"属性"面板中，选择"初始状态"选项组中的"未选中"单选项，效果如图10-36所示。将光标置入右侧单选按钮的后面，输入文字"企业注册"，如图10-37所示。

图10-36　　　　　　　　图10-37

2. 插入复选框

（1）将光标置入"学历"右侧的单元格中，如图10-38所示。单击"插入"面板"表单"选项

卡中的"复选框"按钮☑，在单元格中插入一个复选框，效果如图10-39所示。在复选框的右侧输入文字"研究生"，如图10-40所示。用相同的方法再次插入多个复选框，并分别输入文字，效果如图10-41所示。

图10-38　　　　　　　　图10-39

图10-40　　　　　　　　图10-41

（2）保存文档，按F12键预览效果，如图10-42所示。

图10-42

10.2.2　单选按钮

为了使单选按钮的布局更加合理，通常采用逐个插入单选按钮的方式。若要在表单域中插

入单选按钮，先将光标放在表单轮廓内需要插入单选按钮的位置，然后插入单选按钮，如图10-43所示。

图10-43

插入单选按钮有以下两种方法。

① 使用"插入"面板"表单"选项卡中的"单选按钮"按钮◉，在弹出的对话框中单击"确定"按钮，在文档窗口的表单中出现一个单选按钮。

② 选择"插入 > 表单 > 单选按钮"命令，在文档窗口的表单中出现一个单选按钮。

在"属性"面板中显示单选按钮的属性，如图10-44所示，可以根据需要设置该单选按钮的各项属性。

图10-44

单选按钮"属性"面板中各选项的作用如下。

"单选按钮"选项：用于输入该单选按钮的名称。

"选定值"选项：设置此单选按钮代表的值，一般为字符型数据，即当选定该单选按钮时，表单指定的处理程序获得的值。

"初始状态"选项组：设置该单选按钮的初始状态。即当浏览器中载入表单时，该单选按钮是否处于"已勾选"的状态。一组单选按钮中只能有一个按钮的初始状态为"已勾选"。

"类"选项：将CSS规则应用于单选按钮。

10.2.3 单选按钮组

先将光标放在表单轮廓内需要插入单选按钮组的位置，然后弹出"单选按钮组"对话框，如图10-45所示。

图10-45

弹出"单选按钮组"对话框有以下两种方法。

① 单击"插入"面板"表单"选项卡中的"单选按钮组"按钮▦。

② 选择"插入 > 表单 > 单选按钮组"命令。

"单选按钮组"对话框中的选项作用如下。

"名称"选项：用于输入该单选按钮组的名称，每个单选按钮组的名称都不能相同。

⊞"加号"和⊟"减号"按钮：用于向单选按钮组内添加或删除单选按钮。

▲"向上"和▼"向下"按钮：用于重新排序单选按钮。

"标签"选项：设置单选按钮右侧的提示信息。

"值"选项：设置此单选按钮代表的值，一般为字符型数据，即当用户选定该单选按钮时，表单指定的处理程序获得的值。

"换行符"或"表格"选项：使用换行符或表格来设置这些按钮的布局方式。

根据需要设置该按钮组的每个选项，单击"确定"按钮，在文档窗口的表单中出现单选按钮组，如图10-46所示。

图10-46

10.2.4 复选框

为了使复选框的布局更加合理，通常采用逐个插入复选框的方式。若要在表单域中插入复选框，先将光标放在表单轮廓内需要插入复选框的位置，然后插入复选框，如图10-47所示。

图10-47

插入复选框有以下两种方法。

① 单击"插入"面板"表单"选项卡中的"复选框"按钮，在弹出的对话框中单击"确定"按钮，在文档窗口的表单中出现一个复选框。

② 选择"插入 > 表单 > 复选框"命令，在文档窗口的表单中出现一个复选框。

在"属性"面板中显示复选框的属性，如图10-48所示。可以根据需要设置该复选框的各项属性。

图10-48

"属性"面板中各选项的作用如下。

"复选框名称"选项：用于输入该复选框组的名称。一组复选框中每个复选框的名称都应该相同。

"选定值"选项：设置此复选框代表的值，一般为字符型数据，即当选定该复选框时，表单指定的处理程序获得的值。

"初始状态"选项组：设置该复选框的初始状态，即当浏览器中载入表单时，该复选框是否处于"已勾选"的状态。一组复选框中可以有多个按钮的初始状态为"已勾选"。

"类"选项：将CSS规则应用于复选框。

复选框组的操作与单选按钮组的操作类似，故不再赘述。

10.3 创建列表和菜单

在表单中有两种类型的菜单，一个是下拉菜单，另一个是滚动列表，如图10-49所示。它们都包含一个或多个菜单列表选择项。当需要用户在预先设定的菜单列表选择项中选择一个或多个选项时，可使用"列表与菜单"功能创建下拉菜单或滚动列表。

图10-49

命令介绍

创建列表和菜单：一个列表可以包含一个或多个选项。当需要显示许多选项时，菜单就非常有用。表单中有两种类型的菜单：一种是单击菜单时出现下拉菜单，称为下拉菜单；另一种菜单则显示为一个列有选项的可滚动列表，用户可以从该列中选择选项，称为滚动列表。

10.3.1 课堂案例——爱尚家装网页

【案例学习目标】使用"插入"面板，将"表单"选项卡中的按钮插入列表。

【案例知识要点】使用"列表/菜单"按钮，插入列表；使用"CSS样式"命令，控制列表的显示效果，如图10-50所示。

【效果所在位置】Ch10/效果/爱尚家装网页/index.html。

图10-50

（1）选择"文件>打开"命令，在弹出的"打
开"对话框中，选择本书学习资源中的"Ch10 > 素
材 > 爱尚家装网页 > index.html"文件，单击"打
开"按钮打开文件，如图10-51所示。将光标置入
"所在城市"右侧的单元格中，如图10-52所示。

图10-51

图10-52

（2）单击"插入"面板"表单"选项卡中的
"选择（列表/菜单）"按钮，在单元格中插入
下拉菜单，如图10-53所示。选中下拉菜单，在"属
性"面板中，单击"列表值"按钮，在弹出的"列
表值"对话框中进行设置，如图10-54所示。单击"确
定"按钮，完成列表值的设置，效果如图10-55所示。

图10-53

图10-54

图10-55

（3）选择"窗口 > CSS样式"命令，弹出
"CSS样式"面板，单击面板下方的"新建CSS规
则"按钮，在弹出的"新建CSS规则"对话框中
进行设置，如图10-56所示。单击"确定"按钮，
弹出".cs的CSS规则定义"对话框，在左侧的"分
类"列表中选择"类型"选项，将"Font-family"
选项设为"微软雅黑"，"Font-size"选项设为
14，"Color"选项设为黑色，如图10-57所示。

图10-56

图10-57

（4）在左侧的"分类"列表中选择"方框"
选项，将"Width"选项设为115，"Height"选
项设为30，取消选择"Padding"选项组中的"全
部相同"复选框，将"Top"和"Bottom"选项

均设为5，如图10-58所示。单击"确定"按钮，完成样式的创建。

图10-58

（5）选中下拉菜单，如图10-59所示，在"属性"面板"类"选项的下拉列表中选择"cs"选项，应用样式，效果如图10-60所示。用上述方法插入多个下拉菜单，并分别设置相应的样式，效果如图10-61所示。

图10-59

图10-60

图10-61

（6）保存文档，按F12键预览效果，如图10-62所示。单击"所在城市"选项右侧的下拉菜单，可以选择任意选项，如图10-63所示。

图10-62

图10-63

10.3.2 创建列表和菜单

1. 插入下拉菜单

若要在表单域中插入下拉菜单，先将光标放在表单轮廓内需要插入菜单的位置，然后插入下拉菜单，如图10-64所示。

图10-64

插入下拉菜单有以下两种方法。

① 使用"插入"面板"表单"选项卡中的"选择（列表/菜单）"按钮在文档窗口的表单中添加下拉菜单。

② 选择"插入 > 表单 >选择（列表/菜单）"命令，在文档窗口的表单中添加下拉菜单。

在"属性"面板中显示下拉菜单的属性，如图10-65所示，可以根据需要设置该下拉菜单。

图10-65

下拉菜单"属性"面板中各选项的作用如下。

"选择"选项：用于输入该下拉菜单的名称。每个下拉菜单的名称都必须是唯一的。

"类型"选项组：设置菜单的类型。若添加下拉菜单，则选择"菜单"单选项；若添加可滚动列表，则选择"列表"单选项。

"列表值"按钮：单击此按钮，弹出一个如图10-66所示的"列表值"对话框。在该对话框中单击"加号"按钮➕或"减号"按钮➖向下拉菜单中添加或删除列表项。菜单项在列表中出现的顺序与在"列表值"对话框中出现的顺序一致。在浏览器中载入页面时，列表中的第一个选项是默认选项。

图10-66

"初始化时选定"选项：设置下拉菜单中默认选择的菜单项。

2. 插入滚动列表

若要在表单域中插入滚动列表，先将光标放在表单轮廓内需要插入滚动列表的位置，然后插入滚动列表，如图10-67所示。

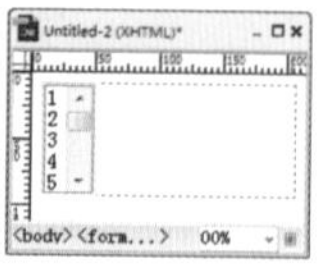

图10-67

插入滚动列表有以下两种方法。

① 单击"插入"面板"表单"选项卡的"选择（列表/菜单）"按钮🔲，在文档窗口的表单中添加滚动列表。

② 选择"插入 > 表单 > 选择（列表/菜单）"命令，在文档窗口的表单中添加滚动列表。

在"属性"面板中显示滚动列表的属性，如图10-68所示，可以根据需要设置该滚动列表。

图10-68

滚动列表"属性"面板中各选项的作用如下。

"选择"选项：用于输入该滚动列表的名称。每个滚动列表的名称都必须是唯一的。

"类型"选项组：设置菜单的类型。若添加下拉菜单，则选择"菜单"单选项；若添加滚动列表，则选择"列表"单选项。

"高度"选项：设置滚动列表的高度，即列表中一次最多可显示的项目数。

"选定范围"选项：设置用户是否可以从列表中选择多个项目。

"初始化时选定"选项：设置可滚动列表中默认选择的菜单项。若在"选定范围"选项中选择"允许多选"复选框，则可在按住Ctrl键的同时单击选择"初始化时选定"域中的一个或多个初始化选项。

"列表值"按钮：单击此按钮，弹出一个如图10-69所示的"列表值"对话框。在该对话框中单击"加号"按钮➕或"减号"按钮➖向滚动列表中添加或删除列表项。菜单项在列表中出现的顺序与在"列表值"对话框中出现的顺序一致。在浏览器中载入页面时，列表中的第一个选项是默认选项。

图10-69

10.3.3　创建跳转菜单

利用跳转菜单，设计者可将某个网页的URL地址与菜单列表中的选项建立关联。当用户浏览网页时，只要从跳转菜单列表中选择一菜单项，就会打开相关联的网页。

在网页中插入跳转菜单的具体操作步骤如下。

（1）将光标放在表单轮廓内需要插入跳转菜单的位置。

（2）启用"插入跳转菜单"命令，弹出"插入跳转菜单"对话框，如图10-70所示。

图10-70

弹出"插入跳转菜单"对话框有以下两种方法。

① 在"插入"面板"表单"选项卡中单击"跳转菜单"按钮 。

② 选择"插入 > 表单 > 跳转菜单"命令。

"插入跳转菜单"对话框中各选项的作用如下。

"加号"按钮 和"减号"按钮 ：添加或删除菜单项。

"向上"按钮 和"向下"按钮 ：在菜单项列表中移动当前菜单项，设置该菜单项在菜单列表中的位置。

"菜单项"选项：显示所有菜单项。

"文本"选项：设置当前菜单项的显示文字，它会出现在菜单列表中。

"选择时，转到URL"选项：为当前菜单项设置浏览者单击它时要打开的网页地址。

"打开URL于"选项：设置打开浏览网页的窗口，包括"主窗口"和"框架"两个选项。"主窗口"选项表示在同一个窗口中打开文件，"框架"选项表示在所选中的框架中打开文件，但选择"框架"选项前应先给框架命名。

"菜单ID"选项：设置菜单的名称，每个菜单的名称都不能相同。

"菜单之后插入前往按钮"选项：设置在菜单后是否添加"前往"按钮。

"更改URL后选择第一个项目"选项：设置浏览者通过跳转菜单打开网页后，该菜单项是否是第一个菜单项目。

在对话框中进行设置，如图10-71所示。单击"确定"按钮完成设置，效果如图10-72所示。

图10-71

图10-72

（3）保存文档，在IE浏览器中单击"前往"按钮，如图10-73所示，网页就可以跳转到其关联的网页上，效果如图10-74所示。

图10-73　　　　图10-74

命令介绍

创建图像域：普通的按钮很不美观，为了设计需要，常使用图像代替按钮。通常使用"图像"按钮来提交数据。

提交、无、重置按钮："提交"按钮的作用是，将表单数据提交到表单指定的处理程序中进行处理；"无"按钮的作用是，表单不进行任何的处理；"重置"按钮的作用是，将表单的内容还原为初始状态。

10.3.4 课堂案例——充值中心网页

【案例学习目标】使用"插入"面板"表单"选项卡为网页添加文本字段、图像域、按钮。

【案例知识要点】使用"图像域"按钮，插入图像域，如图10-75所示。

【效果所在位置】Ch10/效果/充值中心网页/index.html。

图10-75

（1）选择"文件 > 打开"命令，在弹出的"打开"对话框中，选择本书学习资源中的"Ch10 > 素材 > 充值中心网页 > index.html"文件，单击"打开"按钮打开文件，如图10-76所示。将光标置入图10-77所示的单元格中。

图10-76

图10-77

（2）单击"插入"面板"表单"选项卡中的"图像域"按钮，在弹出的"选择图像源文件"对话框中，选择本书学习资源中的"Ch10 > 素材 > 充值中心网页 > images"中的"an_1.png"文件，单击"确定"按钮，插入图像域，效果如图10-78所示。用相同的方法再次插入一个图像域文件，并在这两个文件的中间位置输入一个空格，效果如图10-79所示。

图10-78

图10-79

（3）保存文档，按F12键预览效果，如图10-80所示。

图10-80

10.3.5 创建文件域

网页中要实现上传文件的功能，需要在表单中插入文件域。文件域的外观与其他文本域类似，只是文件域还包含一个"浏览"按钮，如图10-81所示。用户浏览时可以手动输入要上传的文件路径，也可以使用"浏览"按钮定位并选择该文件。

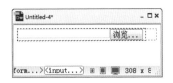

图10-81

若要在表单域中插入文件域，则先将光标放在表单轮廓内需要插入文件域的位置，然后插入文件域，如图10-82所示。

图10-82

插入文件域有以下两种方法。

① 将光标置于单元格中，单击"插入"面板"表单"选项卡中的"文件域"按钮，在文档窗口中的单元格中出现一个文件域。

② 选择"插入 > 表单 > 文件域"命令，在文档窗口的表单中出现一个文件域。

在"属性"面板中显示文件域的属性，如图10-83所示，可以根据需要设置该文件域的各项属性。

图10-83

文件域"属性"面板中各选项的作用如下。

"文件域名称"选项：设置文件域对象的名称。

"字符宽度"选项：设置文件域中最多可输入的字符数。

"最多字符数"选项：设置文件域中最多可容纳的字符数。如果用户通过"浏览"按钮来定位文件，则文件名和路径的字符可超过指定的"最多字符数"的值。但是，如果用户手工输入文件名和路径，则文件域仅允许输入"最多字符数"值所限定的字符数。

"类"选项：将 CSS 规则应用于文件域。

10.3.6　创建图像域

普通的按钮很不美观，为了设计需要，常使用图像代替按钮。通常使用图像按钮来提交数据。

插入图像按钮的具体操作步骤如下。

（1）将光标放在表单轮廓内需要插入的位置。

（2）单击"图像域"按钮，弹出"选择图像源文件"对话框，选择作为按钮的图像文件，如图10-84所示。

图10-84

弹出"选择图像源文件"对话框有以下两种方法。

① 单击"插入"面板"表单"选项卡中的"图像域"按钮。

② 选择"插入 > 表单 > 图像域"命令。

（3）在"属性"面板中出现如图10-85所示

的图像按钮的属性，可以根据需要设置该图像按钮的各项属性。

图10-85

图像按钮"属性"面板中各选项的作用如下。

"图像区域"选项：为图像按钮指定一个名称。

"源文件"选项：设置要为按钮使用的图像。

"替换"选项：用于输入描述性文本，一旦图像在浏览器中载入失败，将在图像域的位置显示文本。

"对齐"选项：设置对象的对齐方式。

"编辑图像"按钮：启动默认的图像编辑器并打开该图像文件进行编辑。

"类"选项：将CSS规则应用于图像域。

（4）若要将某个JavaScript行为附加到该按钮上，则选择该图像，然后在"行为"控制面板中选择相应的行为。

（5）完成设置后保存并预览网页，效果如图10-86所示。

图10-86

10.3.7 提交、无、重置按钮

按钮的作用是控制表单的操作。一般情况下，表单中设有提交按钮、重置按钮和普通按钮

3种按钮。提交按钮的作用是，将表单数据提交到表单指定的处理程序中进行处理；重置按钮的作用是，将表单的内容还原为初始状态。

若要在表单域中插入按钮，先将光标放在表单轮廓内需要插入按钮的位置，然后插入按钮，如图10-87所示。

图10-87

插入按钮有以下两种方法。

① 单击"插入"面板"表单"选项卡中的"按钮"按钮，在文档窗口的表单中出现一个按钮。

② 选择"插入 > 表单 > 按钮"命令，在文档窗口的表单中出现一个按钮。

在"属性"面板中显示按钮的属性，如图10-88所示。可以根据需要设置该按钮的各项属性。

图10-88

按钮"属性"面板中各选项的作用如下。

"按钮名称"选项：用于输入该按钮的名称，每个按钮的名称都不能相同。

"值"选项：设置按钮上显示的文本。

"动作"选项组：设置用户单击按钮时将发生的操作。有以下3个选项。

"提交表单"选项：当用户单击按钮时，将表单数据提交到表单指定的处理程序处理。

"重设表单"选项：当用户单击按钮时，将表单域内的各对象值还原为初始值。

"无"选项：当用户单击按钮时，选择为该按钮附加的行为或脚本。

"类"选项：将CSS规则应用于按钮。

课堂练习——乐享生活网页

【练习知识要点】使用"CSS样式"命令，设置文字的大小和行距；使用"单选"按钮，制作单选题；使用"复选框"按钮，制作多选题，如图10-89所示。

【素材所在位置】Ch10/素材/乐享生活网页/images。

【效果所在位置】Ch10/效果/乐享生活网页/index.html。

图10-89

课后习题——房屋评估网页

【习题知识要点】使用"文本字段"按钮，插入文本字段；使用"图像域"按钮，插入图像域；使用"单选按钮"按钮，插入单选按钮，如图10-90所示。

【素材所在位置】Ch10/素材/房屋评估网页/images。

【效果所在位置】Ch10/效果/房屋评估网页/index.html。

图10-90

第 *11* 章

行为

本章介绍

行为是Dreamweaver预置的JavaScript程序库，每个行为包括一个动作和一个事件。任何一个动作都需要一个事件激活，两者相辅相成。动作是一段已编辑好的JavaScript代码，这些代码在特定事件被激发时执行。本章主要讲解行为和动作的应用方法，通过学习这些内容，读者可以在网页中熟练应用行为和动作，使设计制作的网页更加生动精彩。

学习目标

◆ 了解行为面板的使用方法。

◆ 掌握打开浏览器窗口的创建方法。

◆ 熟悉容器的文本、状态栏文本和文本域文字的设置方法。

技能目标

◆ 熟练掌握"婚戒网页"的制作方法。

11.1 行为概述

行为可理解成在网页中选择的一系列动作，用于实现用户与网页间的交互。行为代码是Dreamweaver CS6提供的内置代码，运行于客户端的浏览器中。

11.1.1 "行为"面板

用户习惯使用"行为"面板为网页元素指定动作和事件。在文档窗口中，选择"窗口 > 行为"命令，弹出"行为"面板，如图11-1所示。

图11-1

"行为"面板由以下几部分组成。

"添加行为"按钮：单击此按钮，弹出动作菜单，添加行为。添加行为时，从动作菜单中选择一个行为即可。

"删除事件"按钮：在面板中删除所选的事件和动作。

"增加事件值"按钮、**"降低事件值"按钮**：在面板中通过上、下移动所选择的动作来调整动作的顺序。在"行为"面板中，所有事件和动作都按照它们在面板中的显示顺序选择，设计时要根据实际情况调整动作的顺序。

11.1.2 应用行为

1. 将行为附加到网页元素上

（1）在文档窗口中选择一个元素，如一个图像或一个链接。若要将行为附加到整个页，则单击文档窗口左下侧的"标签选择器"中的<body>标签。

（2）选择"窗口 > 行为"命令，弹出"行为"面板。

（3）单击"添加行为"按钮，并在弹出的菜单中选择一个动作，如图11-2所示。这时将弹出相应的参数设置对话框，在其中进行设置后，单击"确定"按钮。

（4）在"行为"面板的"事件"列表中显示动作的默认事件，单击该事件，会出现按钮。单击按钮，会弹出包含全部事件的事件列表，如图11-3所示。用户可根据需要选择相应的事件。

图11-2　　　　　　图11-3

2. 将行为附加到文本上

将某个行为附加到所选的文本上，具体操作步骤如下。

（1）为文本添加一个空链接。

（2）选择"窗口 > 行为"命令，弹出"行为"面板。

（3）选中链接文本，单击"添加行为"按钮，从弹出的菜单中选择一个动作，如"弹出信息"动作，并在弹出的对话框中设置该动作的参数，如图11-4所示。

（4）在"行为"面板的"事件"列表中显示动作的默认事件，单击该事件，出现按钮。单击按钮，弹出包含全部事件的事件列

表，如图11-5所示。用户可根据需要选择相应的
事件。

图11-4

图11-5

动作是系统预先定义好的选择指定任务的代码。因此，用户需要了解系统所提供的动作，
掌握每个动作的功能及实现这些功能的方法。下面将介绍几个常用的动作。

命令介绍

设置状态栏文本： "设置状态栏文本"动作
的功能是设置在浏览器窗口底部左侧的状态栏中
显示消息。

11.2.1 课堂案例——婚戒网页

【案例学习目标】使用"行为"面板，设置
打开浏览器内容。

【案例知识要点】使用"打开浏览器窗口"
命令，设置打开浏览器，如图11-6所示。

【效果所在位置】Ch11/效果/婚戒网页/index
.html。

图11-6

1. 在网页中显示指定大小的弹出窗口

（1）选择"文件 > 打开"命令，在弹出
的"打开"对话框中，选择本书学习资源中的
"Ch11 > 素材 > 婚戒网页 > index.html"文件，单
击"打开"按钮打开文件，如图11-7所示。

（2）单击窗口下方"标签选择器"中的
<body>标签，如图11-8所示。选择整个网页文
档，如图11-9所示。

图11-7

图11-8

图11-9

（3）按Shift+F4组合键，弹出"行为"面
板，如图11-10所示。单击面板中的"添加行为"
按钮，在弹出的菜单中选择"打开浏览器窗
口"命令，弹出"打开浏览器窗口"对话框，如
图11-11所示。

图11-10　　　　　　　　图11-11

（4）单击"要显示的URL"选项右侧的"浏览"按钮，在弹出的"选择文件"对话框中，选择本书学习资源中的"Ch11 > 素材 > 婚戒网页 > ziye.html"文件，如图11-12所示。

图11-12

（5）单击"确定"按钮，返回到"打开浏览器窗口"对话框中，其他选项的设置如图11-13所示。单击"确定"按钮，"行为"面板如图11-14所示。

图11-13　　　　　　　　图11-14

（6）保存文档，按F12键预览效果，加载网页文档的同时会弹出窗口，如图11-15所示。

图11-15

2. 添加导航条和菜单栏

（1）返回到Dreamweaver CS6界面中，双击动作"打开浏览器窗口"，弹出"打开浏览器窗口"对

话框，选择"导航工具栏"和"菜单条"复选框，如图11-16所示。单击"确定"按钮完成设置。

图11-16

（2）保存文档，按F12键预览效果，在弹出的窗口中显示所选的导航条和菜单栏，如图11-17所示。

图11-17

11.2.2　打开浏览器窗口

使用"打开浏览器窗口"动作可以在一个新的窗口中打开指定的URL，还可以指定新窗口的属性、特征和名称，具体操作步骤如下。

（1）打开一个网页文件，选择一张图片，如图11-18所示。

图11-18

（2）调出"行为"面板，单击"添加行为"按钮，并在弹出的菜单中选择"打开浏览器窗口"动作，弹出"打开浏览器窗口"对话框，在对话框中根据需要设置相应参数，如图11-19所示。单击"确定"按钮完成设置。

图11-19

对话框中各选项的作用如下。

"要显示的URL"选项：是必选项，用于设置要显示网页的地址。

"窗口宽度"和"窗口高度"选项：以像素为单位设置窗口的宽度和高度。

"属性"选项组：根据需要选择下列复选框以设定窗口的外观。

"导航工具栏"复选框：设置是否在浏览器顶部显示导航工具栏。导航工具栏包括"后退""前进""主页""重新载入"等一组按钮。

"地址工具栏"复选框：设置是否在浏览器顶部显示地址栏。

"状态栏"复选框：设置是否在浏览器窗口底部显示状态栏，用以显示提示、状态等信息。

"菜单条"复选框：设置是否在浏览器顶部显示菜单，包括"文件""编辑""查看""转到""帮助"等菜单项。

"需要时使用滚动条"复选框：设置在浏览器的内容超出可视区域时，是否显示滚动条。

"调整大小手柄"复选框：设置能否调整窗口的大小。

"窗口名称"选项：输入新窗口的名称。因为通过JavaScript使用链接指向新窗口或控制新窗口，所以应该对新窗口进行命名。

11.2.3 拖动层

使用"拖动层"动作的具体操作步骤如下。

（1）通过单击文档窗口底部"标签选择器"中的<body>标签选择body对象，调出"行为"面板。

（2）在"行为"面板中单击"添加行为"按钮，并在弹出的菜单中选择"拖动AP元素"动作，弹出"拖动AP元素"对话框。

"拖动AP元素"对话框，主要包含两个主要的选项卡，"基本"选项卡和"高级"选项卡。

"基本"选项卡的内容如图11-20所示，主要用于选择要拖动的层，以及控制拖动层的具体位置。

图11-20

"AP元素"选项：选择可拖曳的层。

"移动"选项：包括"限制"和"不限制"两个选项。若选择"限制"选项，则右侧出现限制移动的4个文本框。在"上""下""左""右"文本框中输入值（以像素为单位），以确定限制移动的矩形区域范围。"不限制"选项表示不限制图层的移动，适用于拼板游戏和其他拖放游戏。一般情况下，对于滑块控件和可移动的布景等，如文件抽屉、窗帘和小百叶窗，通常选择限制移动。

"放下目标"选项：设置用户将图层自动放下的位置坐标。

"靠齐距离"选项：设置图层自动靠齐到目标时与目标的最小距离。

"高级"选项卡的内容如图11-21所示，主要用于定义层的拖动控制点，在拖动层时跟踪层的移动及当放下层时触发的动作。

图11-21

"拖动控制点"选项：设置浏览者是否必须单击层的特定区域才能拖动层。

"拖动时"选项组：设置层拖动后的堆叠顺序。

"呼叫JavaScript"选项：输入在拖动层时重复选择的JavaScript代码或函数名称。

"放下时：呼叫JavaScript"选项：输入

在放下层时重复选择的JavaScript 代码或函数名称。如果只有在层到达拖曳目标时才选择该JavaScript，则选择"只有在靠齐时"复选框。

在对话框中根据需要设置相应选项，单击"确定"按钮完成设置。

（3）如果不是默认事件，则单击该事件，会弹出包含全部事件的事件列表，可根据需要选择相应的事件。

（4）按F12键浏览网页效果。

11.2.4　设置容器的文本

使用"设置层文本"动作的具体操作步骤如下。

（1）选择"插入"面板"布局"选项卡中的"绘制AP Div"按钮圖，在"设计"视图中拖曳出一个图层。在"属性"面板的"层编号"选项中输入层的唯一名称。

（2）在文档窗口中选择一个对象，如文字、图像、按钮等，并调出"行为"面板。

（3）在"行为"面板中单击"添加行为"按钮，并在弹出的菜单中选择"设置文本 > 设置容器的文本"命令，弹出"设置容器的文本"对话框，如图11-22所示。

图11-22

对话框中各选项的作用如下。

"容器"选项：选择目标层。

"新建 HTML"选项：输入层内显示的消息或相应的JavaScript代码。

在对话框中根据需要选择相应的层，并在"新建 HTML"选项中输入层内显示的消息，单击"确定"按钮完成设置。

（4）如果不是默认事件，则单击该事件，会出现箭头按钮。单击按钮，弹出包含全部事件

的事件列表，可根据需要选择相应的事件。

（5）按F12键浏览网页效果。

11.2.5　设置状态栏文本

使用"设置状态栏文本"动作的具体操作步骤如下。

（1）选择一个对象，如文字、图像、按钮等，并调出"行为"面板。

（2）在"行为"面板中单击"添加行为"按钮，并在弹出的菜单中选择"设置文本 > 设置状态栏文本"命令，弹出"设置状态栏文本"对话框，如图11-23所示。对话框中只有一个"消息"选项，其含义是在文本框中输入要在状态栏中显示的消息。消息要简明扼要，否则浏览器将把溢出的消息截断。

图11-23

在对话框中根据需要输入状态栏消息或相应的JavaScript代码，单击"确定"按钮完成设置。

（3）如果不是默认事件，在"行为"面板中单击该动作前的事件列表，选择相应的事件。

（4）按F12键浏览网页效果。

11.2.6　设置文本域文字

使用"设置文本域文字"动作的具体操作步骤如下。

（1）若文档中没有"文本域"对象，则要创建命名的文本域，先选择"插入 > 表单 > 文本域"命令，在表单中创建文本域。然后在"属性"面板的"文本域"选项中输入该文本域的名称，并使该名称在网页中是唯一的，如图11-24所示。

图11-24

（2）选择文本域并调出"行为"面板。

（3）在"行为"面板中单击"添加行为"按钮 ＋ ，并在弹出的菜单中选择"设置文本 > 设置文本域文字"命令，弹出"设置文本域文字"对话框，如图11-25所示。

图11-25

对话框中各选项的作用如下。

"文本域"选项：选择目标文本域。

"新建文本"选项：输入要替换的文本信息或相应的JavaScript代码。如要在表单文本域中显示网页的地址和当前日期，则在"新建文本"选项中输入"The URL for this page is {window. location}, and today is {new Date()}."。

在对话框中根据需要选择相应的文本域，并在"新建文本"选项中输入要替换的文本信息或相应的JavaScript代码，单击"确定"按钮完成设置。

（4）如果不是默认事件，则单击该事件，会弹出包含全部事件的事件列表，用户可根据需要选择相应的事件。

（5）按F12键浏览网页效果。

课堂练习——品牌商城网页

【练习知识要点】使用"弹出信息"行为命令，制作弹出信息效果；使用"状态栏文本"行为命令，制作状态栏文本，如图11-26所示。

【素材所在位置】Ch11/素材/品牌商城网页/images。

【效果所在位置】Ch11/效果/品牌商城网页/index.html。

图11-26

课后习题——风景摄影网页

【习题知识要点】使用"绘制AP Div"按钮，绘制层效果；使用"显示-隐藏"行为命令，制作图像的显示隐藏效果，如图11-27所示。

【素材所在位置】Ch11/素材/风景摄影网页/images。

【效果所在位置】Ch11/效果/风景摄影网页/index.html。

图11-27

第 *12* 章

网页代码

本章介绍

　　Dreamweaver CS6提供代码编辑工具，方便用户直接编写或修改代码，实现Web页的交互效果。在Dreamweaver CS6中插入的网页内容及动作都会自动转换为代码，因此，只有熟悉查看和编写代码的环境，了解源代码才能真正懂得网页的内涵。

学习目标

◆ 了解新建标签库、标签、属性的方法。

◆ 熟悉常用HTML标签的使用方法。

◆ 掌握响应HTML事件的方法。

技能目标

◆ 熟练掌握"购物节网页"的制作方法。

Dreamweaver CS6虽然可以直接切换到"代码"视图查看和修改代码,但代码中很小的错误都会导致致命的错误,使网页无法正常浏览。

命令介绍

用标签选择器插入标签:标签选择器不仅按类别显示所有标签,还提供该标签格式及功能的解释信息。

12.1.1 课堂案例——购物节网页

【**案例学习目标**】使用"插入标签"命令,插入标签。

【**案例知识要点**】使用"插入标签"命令,制作浮动框架效果,如图12-1所示。

【**效果所在位置**】Ch12/效果/购物节网页/index.html。

图12-1

(1)打开Dreamweaver CS6后,新建一个空白文档。新建页面的初始名称为"Untitled-1"。选择"文件 > 保存"命令,弹出"另存为"对话框。在"保存在"选项的下拉列表中选择当前站点目录保存路径,在"文件名"选项的文本框中输入"index",如图12-2所示。单击"保存"按钮,返回网页编辑窗口。

图12-2

(2)选择"插入 > 标签"命令,弹出"标签选择器"对话框,如图12-3所示。在对话框中选择"HTML标签 > 页面元素 > iframe"选项,如图12-4所示。

图12-3

图12-4

(3)单击"插入"按钮,弹出"标签编辑器-iframe"对话框,如图12-5所示。单击"源"选项右侧的"浏览"按钮,在弹出的"选择文件"对话框中,选择本书学习资源中的"Ch12 > 素材 > 购物节网页 > 01.html"文件,如图12-6所示。

图12-5

图12-6

（4）单击"确定"按钮，返回到"标签编辑器-iframe"对话框中，其他选项的设置如图12-7所示。在左侧的列表框中选择"浏览器特定的"选项，对话框中的设置如图12-8所示。单击"确定"按钮，返回到"标签选择器"对话框。单击"关闭"按钮，将其关闭。

图12-7

图12-8

（5）保存文档，按F12键预览效果，如图12-9所示。

图12-9

12.1.2 代码提示功能

代码提示是网页制作者在代码窗口中编写或修改代码的有效工具。只要在"代码"视图的相应标签间按"<"或Space键，即会出现关于该标签常用属性、方法、事件的代码提示下拉列表，如图12-10所示。

图12-10

在标签检查器中不能列出所有参数，如onResize等，但在代码提示列表中可以一一列出。因此，代码提示功能是网页制作者编写或修改代码的一个方便有效的工具。

12.1.3 使用标签库插入标签

在 Dreamweaver CS6中，标签库中有一组特定类型的标签，其中还包含Dreamweaver CS6应如何设置标签格式的信息。标签库提供了Dreamweaver CS6用于代码提示、目标浏览器检查、标签选择器和其他代码功能的标签信息。使用标签库编辑器，可以添加和删除标签库、标签和属性，设置标签库的属性及编辑标签和属性。

选择"编辑 > 标签库"命令,弹出"标签库编辑器"对话框,如图12-11所示。标签库中列出了各种语言所用到的绝大部分标签及其属性参数,设计者可以轻松地添加和删除标签库、标签和属性。

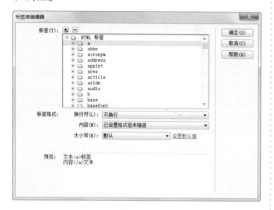

图12-11

1. 新建标签库

弹出"标签库编辑器"对话框,单击"加号"按钮【+】,在弹出的菜单中选择"新建标签库"命令,弹出"新建标签库"对话框,在"库名称"选项的文本框中输入一个名称,如图12-12所示,单击"确定"按钮完成设置。

图12-12

2. 新建标签

弹出"标签库编辑器"对话框,单击"加号"按钮【+】,在弹出的菜单中选择"新建标签"命令,弹出"新建标签"对话框,如图12-13所示。先在"标签库"选项的下拉列表中选择一个标签库,然后在"标签名称"选项的文本框中输入新标签的名称。若要添加多个标签,则输入这些标签的名称,中间以逗号和空格来分隔标签的名称,如"First Tags, Second Tags"。如果新的标签具有相应的结束标签 (</...>),则选择"具有匹配的结束标签"复选框,最后单击"确定"按钮完成设置。

图12-13

3. 新建属性

"新建属性"命令为标签库中的标签添加新的属性。弹出"标签库编辑器"对话框,单击"加号"按钮【+】,在弹出的菜单中选择"新建属性"命令,弹出"新建属性"对话框,如图12-14所示。设置对话框中的选项。一般情况下,在"标签库"选项的下拉列表中选择一个标签库,在"标签"选项的下拉列表中选择一个标签,在"属性名称"选项的文本框中输入新属性的名称。若要添加多个属性,则输入这些属性的名称,中间以逗号和空格来分隔标签的名称,如"width,height",最后单击"确定"按钮完成设置。

图12-14

4. 删除标签库、标签或属性

弹出"标签库编辑器"对话框。先在"标签"选项框中选择一个标签库、标签或属性,再单击"减号"按钮【-】,则将选中的项从"标签"选项框中删除。单击"确定"按钮关闭"标签库编辑器"对话框。

12.1.4 用标签选择器插入标签

如果网页制作者对代码不是很熟,那么

Dreamweaver CS6提供了另一个实用工具，即标签选择器。

在"代码"视图中单击鼠标右键，在弹出的菜单中选择"插入标签"命令，弹出"标签选择器"对话框，如图12-15所示。左侧选项框中包含支持的标签库的列表，右侧选项框中显示选定的标签库文件夹中的单独标签，下方选项框中显示选定标签的详细信息。

图12-15

使用"标签选择器"对话框插入标签的操作步骤如下。

（1）弹出"标签选择器"对话框。在左侧选项框中展开标签库，即从标签库中选择标签类别，或者展开该类别并选择一个子类别，从右侧选项框中选择一个标签。

（2）若要在"标签选择器"对话框中查看该标签的语法和用法信息，则单击"标签信息"按钮▷　　标签信息　　。如果有可用信息，则会显示关于该标签的信息。

（3）若要在"参考"面板中查看该标签的相同信息，单击图标 <?>，若有可用信息，会显示关于该标签的信息。

（4）若要将选定标签插入代码中，则单击"插入"按钮 插入(I) ，弹出"标签编辑器"对话框。如果该标签出现在右侧选项框中并带有尖括号（如<title></title>），那么它不会要求其他信息立即插入文档的插入点，如果该标签不要求其他信息，则会出现标签编辑器。

（5）单击"确定"按钮回到"标签选择器"对话框，单击"关闭"按钮关闭"标签选择器"对话框。

12.2 编辑代码

呆板的表格容易使人疲劳，当用表格承载一些相关数据时，常常通过采用不同的字体、文字颜色、背景颜色等方式，对不同类别的数据加以区分或突出显示某些内容。

12.2.1 使用标签检查器编辑代码

标签检查器列出所选标签的属性表，方便设计者查看和编辑选择的标签对象的各项属性。选择"窗口 > 标签检查器"命令，弹出"标签检查器"面板。若想查看或修改某标签的属性，只需先在文档窗口中用鼠标指针选择对象或选择文档窗口下方要选择对象相应的标签，再选择"窗口 > 标签检查器"命令，弹出"标签检查器"面板，此时，面板将列出该标签的属性，如图12-16所示。设计者可以根据需要轻松地找到各属性参数，并方便地修改属性值。

图12-16

在"标签检查器"面板的"属性"选项卡中，显示所选对象的属性及其当前值。若要查看其中的属性，有以下两种方法。

① 若要查看按类别组织的属性，则单击"显示类别视图"按钮。

② 若要在按字母排序的列表中查看属性，则单击"显示列表视图"按钮。

若要更改属性值，则选择该值并进行编辑，具体操作方法如下。

① 在属性值列（属性名称的右侧）中为该属性输入一个新的值。若要删除一个属性值，则选择该值，然后按Backspace键。

② 如果要更改属性的名称，则选择该属性名称，然后进行编辑。

③ 如果该属性采用预定义的值，则从属性值列右侧的弹出菜单（或颜色选择器）中选择一个值。

④ 如果属性采用URL值作为属性值，则单击"属性"面板中的"浏览文件"按钮或使用"指向文件"图标选择一个文件，或者在文本框中输入URL。

⑤ 如果该属性的值来自动态内容（如数据库），则单击属性值列右侧的"动态数据"按钮，如图12-17所示，然后选择一个来源。

图12-17

12.2.2 使用标签编辑器编辑代码

标签编辑器是另一个编辑标签的方式。先在文档窗口中选择特定的标签，然后单击"标签检查器"面板右上角的"选项菜单"按钮，在弹出的菜单中选择"编辑标签"命令，弹出"标签编辑器"对话框，如图12-18所示。

图12-18

"标签编辑器"对话框列出被不同浏览器版本支持的特殊属性、事件和关于该标签的说明信息，用户可以方便地指定或编辑该标签的属性。

12.3 常用的HTML标签

HTML 是一种超文本标志语言，HTML文件是被网络浏览器读取并产生网页的文件。常用的HTML标签有以下几种。

1. 文件结构标签

文件结构标签包含\<html\>、\<head\>、\<title\>、\<body\>等。\<html\>标签用于标志页面的开始，它由文档头部分和文档体部分组成。浏览时只有文档体部分会被显示。\<head\>标签用于标志网页的开头部分，开头部分用以记载重要资讯，如注释、meta和标题等。\<title\>标签用于标志页面的标题，浏览时在浏览器的标题栏上显示。\<body\>标签用于标志网页的文档体部分。

2．排版标签

在网页中有4种段落对齐方式：左对齐、右对齐、居中对齐和两端对齐。在HTML语言中，可以使用ALIGN属性来设置段落的对齐方式。

ALIGN属性可以应用于多种标签，例如，分段标签<p>、标题标签<hn>及水平线标签<hr>等。ALIGN属性的取值可以是：left（左对齐）、center（居中对齐）、right（右对齐）及justify（两边对齐）。两边对齐是指将一行中的文本在排满的情况下向左右两个页边对齐，以避免在左右页边出现锯齿。

对于不同的标签，ALIGN属性的默认值是有所不同的。对于分段标签和各个标题标签，ALIGN属性的默认值为left；对于水平线标签<hr>，ALIGN属性的默认值为center。若要将文档中的多个段落设置成相同的对齐方式，可将这些段落置于<div>和</div>标签之间组成一个节，并使用ALIGN属性来设置该节的对齐方式。如果要将部分文档内容设置为居中对齐，也可以将这部分内容置于<center>和</center>标签之间。

3．列表标签

列表分为无序列表、有序列表两种。<li>标签标志无序列表，如项目符号；<ol>标签标志有序列表，如标号。

4．表格标签

表格标签包括表格标签<table>、表格标题标签<caption>、表格行标签<tr>、表格字段名标签<th>、表格列标签<td>等标签。

5．框架

框架网页将浏览器上的视窗分成不同区域，在每个区域中都可以独立显示一个网页。框架网页通过一个或多个<frameset>和<frame>标签来定义。框架集包含如何组织各个框架的

信息，可以通过<frameset>标签来定义。框架集<frameset>标签置于<head>标签之后，以取代<body>的位置，还可以使用<noframes>标签给出框架不能被显示时的替换内容。框架集<frameset>标签中包含多个<frame>标签，用以设置框架的属性。

6．图形标签

图形的标签为<img>，其常用参数是src和alt属性，用于设置图像的位置和替换文本。src属性给出图像文件的URL地址，图像可以是JPEG文件、GIF文件或PNG文件。alt属性给出图像的简单文本说明，这段文本在浏览器不能显示图像时显示出来，或图像加载时间过长时先显示出来。

<img>标签不仅用于在网页中插入图像，也可以用于播放Video for Windows的多媒体文件（"*.avi"格式的文件）。若要在网页中播放多媒体文件，应在<img>标签中设置dynsrc、start、loop、Controls和loopdelay属性。

例如，将影片循环播放3次，中间延时250毫秒。

<img src="SAMPLE-S.GIF" dynsrc="SAMPLE-S.AVI" loop=3 loopdelay=250>

例如，在鼠标指针移到AVI播放区域之上时才开始播放SAMPLE-S.AVI影片。

<img src="SAMPLE-S.GIF" dynsrc="SAMPLE-S.AVI" start=mouseover>

7．链接标签

链接标签为<a>，其常用参数有href、target和title。href标志目标端点的URL地址，target显示链接文件的一个窗口或框架，title显示链接文件的标题文字。

8．表单标签

表单在HTML页面中起着重要作用，它是与

用户交互信息的主要手段。一个表单至少应该包括说明性文字、用户填写的表格、提交和重填按钮等内容。用户填写了所需的资料之后，按"提交"按钮，所填资料就会通过专门的CGI接口传到Web服务器上。网页的设计者随后就能在Web服务器上看到用户填写的资料，从而完成从用户到作者之间的反馈和交流。

表单中主要包括下列元素：普通按钮、单选按钮、复选框、下拉式菜单、单行文本框、多行文本框、提交按钮、重填按钮。

9. 滚动标签

滚动标签是<marquee>，它会将其文字和图像进行滚动，形成滚动字幕的页面效果。

10. 载入网页的背景音乐标签

载入网页的背景音乐标签是<bgsound>，它可设定页面载入时的背景音乐。

12.4 > 脚本语言

脚本是一个包含源代码的文件，一次只有一行被解释或翻译成为机器语言。在脚本处理过程中，翻译每个代码行，并一次选择一行代码，直到脚本中所有代码都被处理完成。Web应用程序经常使用客户端脚本，以及服务器端的脚本，本章讨论的是客户端脚本。

用脚本创建的应用程序有代码行数的限制，一般小于100行。脚本程序较小，一般用"记事本"或在Dreamweaver CS6的"代码"视图中编辑创建。

使用脚本语言主要有两个原因，一是创建脚本比创建编译程序快，二是用户可以使用文本编辑器快速、容易地修改脚本。而修改编译程序，

必须有程序的源代码，而且修改了源代码以后，必须重新编译它，所有这些使修改编译程序比脚本更加复杂而且耗时。

脚本语言主要包含接收用户数据、处理数据和显示输出结果数据3部分语句。计算机中最基本的操作是输入和输出，Dreamweaver CS6提供了输入和输出函数。InputBox函数是实现输入效果的函数，它会弹出一个对话框来接收浏览者输入的信息。MsgBox函数是实现输出效果的函数，它会弹出一个对话框显示输出信息。

有的操作要在一定条件下才能选择，这要用条件语句实现。对于需要重复选择的操作，应该使用循环语句实现。

12.5 > 响应HTML事件

前面已经介绍了基本的事件及其触发条件，现在讨论在代码中调用事件过程的方法。调用事件过程有3种方法，下面以在按钮上单击鼠标左键弹出欢迎对话框为例介绍调用事件过程的方法。

1. 通过名称调用事件过程

```
<HTML>
  <HEAD>
<TITLE>事件过程调用的实例</TITLE>
```

```
<SCRIPT LANGUAGE=vbscript>
  <!--
sub bt1_onClick()
  msgbox "欢迎使用代码实现浏览器的
```

动态效果！"

```
        end sub
        -->
    </SCRIPT>
    </HEAD>
    <BODY>
        <INPUT name=bt1 type="button" value="
单击这里">
    </BODY>
</HTML>
```

2. 通过FOR/EVENT属性调用事件过程

```
<HTML>
    <HEAD>
    <TITLE>事件过程调用的实例</TITLE>
        <SCRIPT LANGUAGE=vbscript for="bt1"
event="onclick">
        <!--
        msgbox "欢迎使用代码实现浏览器的
动态效果！"
        -->
    </SCRIPT>
    </HEAD>
    <BODY>
        <INPUT name=bt1 type="button"
value="单击这里">
    </BODY>
</HTML>
```

3. 通过控件属性调用事件过程

```
<HTML>
    <HEAD>
    <TITLE>事件过程调用的实例</TITLE>
        <SCRIPT LANGUAGE=vbscript >
        <!--
        sub msg()
        msgbox "欢迎使用代码实现浏览器的
动态效果！"
        end sub
        -->
    </SCRIPT>
    </HEAD>
    <BODY>
        <INPUT name=bt1 type="button"
value="单击这里" onclick="msg">
    </BODY>
</HTML>
<HTML>
    <HEAD>
    <TITLE>事件过程调用的实例</TITLE>
    </HEAD>
    <BODY>
        <INPUT name=bt1 type="button"
value="单击这里" onclick='msgbox "欢迎使用
代码实现浏览器的动态效果！"' language=
"vbscript">
    </BODY>
</HTML>
```

课堂练习——活动详情网页

【练习知识要点】使用"插入标签"命令，制作浮动框架效果，如图12-19所示。

【素材所在位置】Ch12/素材/活动详情网页/images。

【效果所在位置】Ch12/效果/活动详情网页/index.html。

图12-19

课后习题——男士服装网页

【**习题知识要点**】使用"拆分"视图，手动输入代码制作禁止滚动页面及单击鼠标右键效果，如图12-20所示。

【**素材所在位置**】Ch12/素材/男士服装网页/images。

【**效果所在位置**】Ch12/效果/男士服装网页/index.html。

图12-20

第 *13* 章

商业案例实训

本章介绍

   本章的综合设计实训案例是根据网页设计项目的真实情境来训练读者如何利用所学知识完成网页设计项目的。通过多个网页设计项目案例的演练，读者将能进一步牢固掌握Dreamweaver CS6的强大操作功能和使用技巧，并应用所学技能制作出专业的网页设计作品。

学习目标

◆ 了解表格布局的应用方法和技巧。
◆ 熟悉CSS样式命令的使用方法。
◆ 掌握表单的创建方法和应用。
◆ 掌握动画文件和图像文件的插入方法和应用。
◆ 掌握超链接的创建方法。

技能目标

◆ 掌握个人网页——张发的个人网页的制作方法。
◆ 掌握游戏娱乐——锋芒游戏网页的制作方法。
◆ 掌握休闲网页——户外运动网页的制作方法。
◆ 掌握房产网页——房产新闻网页的制作方法。
◆ 掌握艺术网页——戏曲艺术网页的制作方法。

13.1 ▶ 个人网页——张发的个人网页

13.1.1 项目背景及要求

1. 客户名称

张发。

2. 客户需求

张发是一位旅游爱好者，喜欢收录旅游资源、旅行游记、当地美食、地方特产等方面的信息。现张发想与大家分享他的收获和记录，为此想要发一篇博文。本例是为张发设计博文首页，要求画面简单干净，功能齐全。

3. 设计要求

（1）网页风格要求表现出旅游博客的特点。

（2）根据博客类型，要求网页多使用淡色，体现出旅游带来的轻松、愉悦的感受。

（3）网页设计分类明确，注重细节的修饰。

（4）要符合旅游爱好者阳光向上、乐观开朗的特点。

（5）设计规格为1400像素（宽）×1260像素（高）。

13.1.2 项目创意及制作

1. 素材资源

图片素材所在位置："Ch13/素材/张发的个人网页/images"。

文字素材所在位置："Ch13/素材/张发的个人网页/text.txt"。

2. 设计作品

设计作品效果所在位置："Ch13/效果/张发的个人网页/index.html"，如图13-1所示。

图13-1

3. 制作要点

使用"页面属性"命令，设置页面背景、边距和标题效果；使用"表格"按钮，插入表格进行页面布局；使用"CSS样式"命令，美化页面效果。

13.1.3 案例制作及步骤

1. 制作网页背景效果

（1）选择"文件 > 新建"命令，新建空白文档。选择"文件 > 保存"命令，弹出"另存为"对话框，在"保存在"选项的下拉列表中选择当前站点目录保存路径。在"文件名"选项的文本框中输入"index"，单击"保存"按钮，返回网页编辑窗口。

（2）选择"修改 > 页面属性"命令，弹出"页面属性"对话框，在左侧的"分类"列表中选择"外观（CSS）"选项，将"左边距""右边距""上边距""下边距"选项均设为0，如图13-2所示。

（3）在左侧的"分类"列表中选择"标题/编码"选项，在"标题"选项的文本框中输入"张发的个人网页",如图13-3所示。单击"确定"按钮完成页面属性的修改。

图13-2

图13-3

(4)单击"插入"面板"常用"选项卡中的"表格"按钮,在弹出的"表格"对话框中进行设置,如图13-4所示。单击"确定"按钮,完成表格的插入。保持表格的选取状态,在"属性"面板"对齐"选项的下拉列表中选择"居中对齐"选项。

图13-4

(5)选择"窗口 > CSS样式"命令,弹出"CSS样式"面板,单击"新建CSS规则"按钮,在弹出的对话框中进行设置,如图13-5所示。单击"确定"按钮,弹出".bj的CSS规则定义"对话框,在左侧的"分类"列表中选择"背景"选项,单击"Background-image"选项右侧的"浏览"按钮,在弹出的"选择图像源文件"对话框中,选择本书学习资源中的"Ch13 > 素材 > 张发的个人网页 > images"文件夹中的"bj.jpg"文件,单击"确定"按钮,返回到对话框中,如图13-6所示。单击"确定"按钮完成样式的创建。

图13-5

图13-6

(6)将光标置入刚插入表格的单元格中,在"属性"面板"垂直"选项的下拉列表中选择"顶端"选项,"类"选项的下拉列表中选择"bj01"选项,将"高"选项设为1260,如图13-7所示,效果如图13-8所示。

图13-7

图13-8

（7）单击"CSS样式"面板下方的"新建CSS规则"按钮，在弹出的对话框中进行设置，如图13-9所示。单击"确定"按钮，弹出".bj01的CSS规则定义"对话框，在左侧的"分类"列表中选择"背景"选项，单击"Background-image"选项右侧的"浏览"按钮，在弹出的"选择图像源文件"对话框中，选择本书学习资源中的"Ch13 > 素材 > 张发的个人网页 > images"文件夹中的"bj01.png"文件，单击"确定"按钮，返回到对话框中，其他选项的设置如图13-10所示。单击"确定"按钮完成样式的创建。

图13-9

图13-10

（8）单击"插入"面板"常用"选项卡中的"表格"按钮，在弹出的"表格"对话框中进行设置，如图13-11所示。单击"确定"按钮，完成表格的插入。保持表格的选取状态，在"属性"面板"对齐"选项的下拉列表中选择"居中对齐"选项，在"类"选项的下拉列表中选择"bj01"选项，应用样式，如图13-12所示。

图13-11

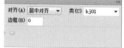

图13-12

2. 制作左侧导航

（1）将光标置入刚插入表格的第1列单元格中，在"属性"面板"垂直"选项的下拉列表中选择"顶端"选项，将"宽"选项设为240，"高"选项设为1186。在该单元格中插入一个4行2列，宽为100%的表格，效果如图13-13所示。

图13-13

（2）将光标置入第1行第1列单元格中，在"属性"面板中，将"高"选项设为90。将光标置入第2行第2列单元格中，在"属性"面板中，将"宽"选项设为15。将光标置入第2行第1列单元格中，在"属性"面板"水平"选项的下拉列表中选择"右对齐"选项。在该单元格中输入文字，效果如图13-14所示。

图13-14

（3）选中文字"欢迎！"，在"属性"面板"目标规则"选项的下拉列表中选择"<新内

联样式>"选项，将"字体"选项设为"方正大黑简体"，"大小"选项设为30，"Color"选项设为深红色（#6e2c06），效果如图13-15所示。

（4）选中文字"张发"，在"属性"面板"目标规则"选项的下拉列表中选择"<新内联样式>"选项，将"字体"选项设为"方正大黑简体"，"大小"选项设为30，"Color"选项设为白色，效果如图13-16所示。

图13-15

图13-16

（5）单击"CSS样式"面板下方的"新建CSS规则"按钮，在弹出的对话框中进行设置，如图13-17所示。单击"确定"按钮，在弹出的".text的CSS规则定义"对话框中进行设置，如图13-18所示。

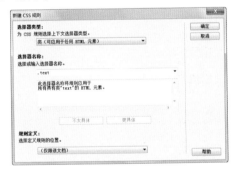
图13-17

图13-18

（6）在左侧的"分类"列表中选择"方框"选项，取消选择"Margin"选项组中的"全部相同"复选框，将"Bottom"选项设为2，如图13-19所示。单击"确定"按钮，完成样式的创建。

图13-19

（7）将光标置入第3行第1列单元格中，在"属性"面板"水平"选项的下拉列表中选择"右对齐"选项，在"垂直"选项的下拉列表中选择"底部"选项，在"类"选项的下拉列表中选择"text"选项，将"高"选项设为75。在该单元格中输入文字，按Shift+Enter组合键，将光标切换到下一行显示。

（8）单击"插入"面板"常用"选卡中的"图像"按钮，在弹出的"选择图像源文件"对话框中，选择本书学习资源中的"Ch13 > 素材 > 张发的个人网页 > images"文件夹中的"line.png"文件，单击"确定"按钮，完成图像的插入，如图13-20所示。

图13-20

（9）将光标置入第4行第1列单元格中，在"属性"面板"水平"选项的下拉列表中选择"右对齐"选项，在"ID"选项的文本框中输入"dh"，如图13-21所示。在该单元格中输入文字，并分别为文字添加空链接，效果如图13-22所示。

图13-21　　　　　图13-22

（10）单击"CSS样式"面板下方的"新建CSS规则"按钮，在弹出的对话框中进行设置，如图13-23所示。单击"确定"按钮，在弹出的"#dh的CSS规则定义"对话框中进行设置，如图13-24所示。单击"确定"按钮，完成样式的创建。

图13-23

图13-24

（11）单击"CSS样式"面板下方的"新建CSS规则"按钮，在弹出的对话框中进行设置，如图13-25所示。单击"确定"按钮，在弹出的"#dh a:link, #dh a:visited的CSS规则定义"对话框中进行设置，如图13-26所示。单击"确定"按钮，完成样式的创建。

图13-25

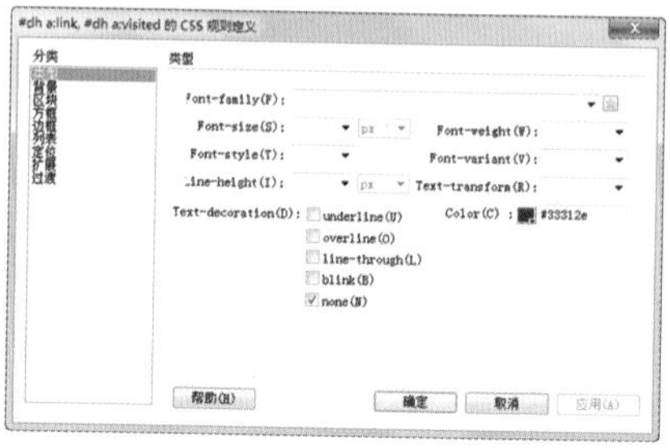

图13-26

（12）单击"CSS样式"面板下方的"新建CSS规则"按钮，在弹出的对话框中进行设置，如图13-27所示。单击"确定"按钮，在弹出的"#dh a:hover的CSS规则定义"对话框中进行设置，如图13-28所示。单击"确定"按钮，完成样式的创建。

图13-27

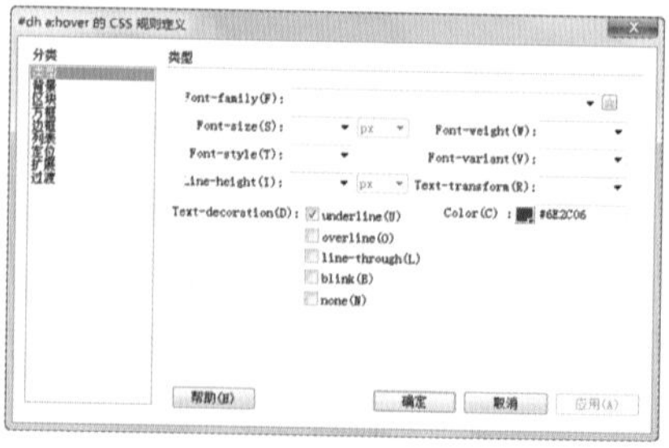

图13-28

3．制作右侧导航

（1）将光标置入主体表格的第2列单元格中，在"属性"面板"水平"选项的下拉列表中选择"左对齐"选项，在"垂直"选项的下拉列表中选择"顶端"选项。在该单元格中插入一个1行3列，宽为75%的表格，效果如图13-29所示。

图13-29

（2）将光标置入刚插入表格的第1列单元格中，在"属性"面板"水平"选项的下拉列表中选择"左对齐"选项。在该单元格中输入文字，如图13-30所示。

图13-30

（3）选中文字"张发的个人博客"，在"属性"面板"目标规则"选项的下拉列表中选择"<新内联样式>"选项，将"字体"选项设为"微软雅黑"，"大小"选项设为16，"Color"选项设为白色，效果如图13-31所示。

图13-31

（4）单击"CSS样式"面板下方的"新建CSS规则"按钮，在弹出的对话框中进行设置，如图13-32所示。单击"确定"按钮，在弹出的".text2的CSS规则定义"对话框中进行设置，如

图13-33所示。单击"确定"按钮，完成样式的创建。

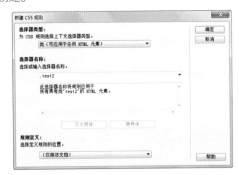

图13-32

图13-33

（5）选中图13-34所示的文字，在"属性"面板"类"选项的下拉列表中选择"text2"选项，应用样式，效果如图13-35所示。

图13-34

图13-35

（6）将光标置入第2列单元格中，在"属性"面板"目标规则"选项的下拉列表中选择

"<新内联样式>"选项，将"字体"选项设为"微软雅黑"，"大小"选项设为16，"Color"选项设为白色。在该单元格中输入文字，效果如图13-36所示。

（7）选中文字"14"，在"属性"面板"目标规则"选项的下拉列表中选择"<新内联样式>"选项，将"大小"选项设为40，效果如图13-37所示。

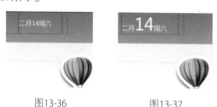

图13-36   图13-37

（8）将光标置入第3列单元格中，单击"插入"面板"常用"选卡中的"图像"按钮，在弹出的"选择图像源文件"对话框中，选择本书学习资源中的"Ch13 > 素材 > 张发的个人网页 > images"文件夹中的"yun.png"文件，单击"确定"按钮，完成图像的插入，如图13-38所示。

图13-38

（9）用上述的方法再次插入表格、输入文字、插入图片，并分别设置相应的属性，制作出图13-39所示的效果。张发的个人网页效果制作完成，保存文档，按F12键预览网页效果，如图13-40所示。

图13-39

图13-40

课堂练习1——李梅的个人网页

练习1.1 项目背景及要求

1. 客户名称

李梅。

2. 客户需求

李梅是一名专业的视觉设计师，为了使更多的人认识和了解她，同时也为了分享其设计作品，李梅需要制作一个个人网站。内容包括作品展示、接项目、学习交流、企业品牌展示、设计资源共享等。设计要求清新雅致，具有女性化的特点。

3. 设计要求

（1）网页风格要求具有艺术感与时尚感。

（2）要求具有张扬的设计，能够凸显个性。

（3）网页设计分类明确，注重细节的修饰。

（4）使用浅色背景突出主体，并且有作品及个人图片展示。

（5）设计规格为1600像素（宽）×1300像素（高）。

练习1.2 项目创意及制作

1. 素材资源

图片素材所在位置："Ch13/素材/李梅的个人网页/images"。

文字素材所在位置："Ch13/素材/李梅的个人网页/text.txt"。

2. 设计作品

设计作品效果所在位置："Ch13/效果/李梅的个人网页/index.html"，如图13-41所示。

3. 制作要点

使用"页面属性"命令，设置背景颜色、页边距和文字颜色及大小；使用"属性"面板，改变单元格的高度和宽度；使用"CSS样式"命令，设置单元格的背景图像、文字的大小及颜色。

图13-41

练习2.1　项目背景及要求

1. 客户名称

美琪。

2. 客户需求

美琪是一名年轻时尚的新加坡女孩，现在在中国上学。她乐观开朗，希望能够尽快适应中国的环境，交到更多的朋友，得到大家的关注和喜爱，因此想要制作个人网站。网页内容包括个人资料、日记、相册等，要求能够体现她的特点，并且引人注目。

3. 设计要求

（1）网页风格要求具有青春与活泼的感觉。

（2）网页的色彩搭配要明快丰富。

（3）网页设计分类明确，注重细节的修饰。

（4）画面以个人照片为主体，体现其个人特色。

（5）设计规格为1200像素（宽）×800像素（高）。

练习2.2　项目创意及制作

1. 素材资源

图片素材所在位置："Ch13/素材/美琪的个人网页/images"。

文字素材所在位置："Ch13/素材/美琪的个人网页/text.txt"。

2. 设计作品

设计作品效果所在位置："Ch13/效果/美琪的个人网页/index.html"，如图13-42所示。

3. 制作要点

使用"页面属性"命令，设置页边距、页面标题、文字颜色及大小；使用"表格"按钮，插入表格进行布局；使用"图像"按钮，插入装饰图像；使用"CSS样式"命令，设置单元格的背景图像及文字的大小和颜色。

图13-42

✏ 课后习题1——小飞飞的个人网页

习题1.1　项目背景及要求

1. 客户名称

小飞飞的父母。

2. 客户需求

小飞飞的父母要求根据小飞飞的成长轨迹制作个人网页。网页要求针对小飞飞成长过程中的点滴生活来进行设计制作，包含教育过程与成长知识等，内容全面，并且具有温馨的家庭气息。要求网页风格充满童真与童趣，以儿童的视角去进行设计与创作。

3. 设计要求

（1）网页风格要求可爱、童真，表现出儿童的奇思妙想。

（2）由于家庭的喜好，网页要求多使用淡蓝色，使画面干净舒适。

（3）网页设计分类明确，注重细节的修饰。

（4）要符合儿童阳光向上、乐观开朗的特点。

（5）设计规格为1100像素（宽）×900像素（高）。

习题1.2　项目创意及制作

1. 素材资源

图片素材所在位置："Ch13/素材/小飞飞的个人网页/images"。

文字素材所在位置："Ch13/素材/小飞飞的个人网页/text.txt"。

2. 设计作品

设计作品效果所在位置："Ch13/效果/小飞飞的个人网页/index.html"，如图13-43所示。

3. 制作要点

使用"页面属性"命令，设置文档的页边距和背景颜色效果；使用"CSS样式"命令，设置单元格的背景图像及文字的大小、颜色和行距等。

图13-43

课后习题2——李明的个人网页

习题2.1 项目背景及要求

1. 客户名称

李明。

2. 客户需求

李明是一名专业的摄影师，为了使更多的人认识和了解他，同时也为了分享其摄影成果，李明需要制作一个个人网站。网站内容包括个人资料、个人作品、摄影日志等，要求内容全面，具有独特的个性和个人特色。

3. 设计要求

（1）网页风格要求具有青春与活泼的感觉。

（2）网页的色彩搭配明快丰富。

（3）网页设计分类明确，注重细节的修饰。

（4）画面使用摄影作品进行装饰，体现其个人特色。

（5）设计规格为1400像素（宽）×1930像素（高）。

习题2.2 项目创意及制作

1. 素材资源

图片素材所在位置："Ch13/素材/李明的个人网页/images"。

文字素材所在位置："Ch13/素材/李明的个人网页/text.txt"。

2. 设计作品

设计作品效果所在位置："Ch13/效果/李明的个人网页/index.html"，如图13-44所示。

3. 制作要点

使用"页面属性"命令，修改页面的页边距、页面标题、文字颜色及大小；使用"属性"面板，设置单元格宽度、高度和背景色；使用"CSS样式"命令，设置文字的大小、颜色、行距及单元格的背景图像。

图13-44

13.2 游戏娱乐——锋芒游戏网页

13.2.1 项目背景及要求

1. 客户名称

锋芒游戏公司。

2. 客户需求

锋芒游戏公司是一家新成立的网络游戏公司，主要经营各种电子游戏的开发。现推出新的帮派团战玩法，要为其前期的宣传做准备，需要制作一个网页。网页主要内容为公司研发的几款小游戏，要求能够表现公司的特点，达到宣传效果。

3. 设计要求

（1）网页具有可爱清新的风格特色。

（2）画面使用卡通图案进行搭配，体现小游戏的趣味与轻松。

（3）色彩搭配清爽干净，让人感到舒适。

（4）使用卡通图案装饰画面，体现动漫游戏特点。

（5）设计规格为1400像素（宽）×1290像素（高）。

13.2.2 项目创意及制作

1. 素材资源

图片素材所在位置："Ch13/素材/锋芒游戏网页/images"。

文字素材所在位置："Ch13/素材/锋芒游戏网页/text.txt"。

2. 设计作品

设计作品效果所在位置："Ch13/效果/锋芒游戏网页/index.html"，如图13-45所示。

图13-45

3. 制作要点

使用"页面属性"命令，修改页边距和页面标题；使用"属性"面板，设置单元格宽度、高度及背景颜色；使用"SWF"按钮，插入Flash动画；使用"CSS样式"命令，设置文字的大小、字体及行距的显示效果。

13.2.3 案例制作及步骤

1. 插入Logo制作导航条

（1）选择"文件 > 新建"命令，新建空白文档。选择"文件 > 保存"命令，弹出"另存为"对话框。在"保存在"选项的下拉列表中选择当前站点目录保存路径，在"文件名"选项的文本框中输入"index"，单击"保存"按钮，返回网页编辑窗口。

（2）选择"修改 > 页面属性"命令，弹出"页面属性"对话框，在左侧的"分类"列表中选择"外观（CSS）"选项，将"页面字体"选项设为"宋体"，"大小"选项设为12，"文本颜色"选项设为灰色（#969696），"左边距""右边距""上边距""下边距"选项均设为0，如图13-46所示。

图13-46

（3）在左侧的"分类"列表中选择"标题/编码"选项，在"标题"选项的文本框中输入"锋芒游戏网页"，如图13-47所示。单击"确定"按钮完成页面属性的修改。

图13-47

（4）单击"插入"面板"常用"选项卡中的"表格"按钮，在弹出的"表格"对话框中进行设置，如图13-48所示。单击"确定"按钮完成表格的插入。保持表格的选取状态，在"属性"面板"对齐"选项的下拉列表中选择"居中对齐"选项。

图13-48

（5）选择"窗口 > CSS样式"命令，弹出"CSS样式"面板，单击面板下方的"新建CSS规则"按钮，在弹出的"新建CSS规则"对话框

中进行设置，如图13-49所示。单击"确定"按钮，弹出".bj的CSS规则定义"对话框。

图13-49

（6）在左侧的"分类"选择列表中选择"背景"选项，单击"Background-image"选项右侧的"浏览"按钮，在弹出的"选择图像源文件"对话框中，选择本书学习资源中的"Ch13 > 素材 > 锋芒游戏网页 > images"文件夹中的"bj.jpg"文件，单击"确定"按钮，返回到对话框中，如图13-50所示。在"Background-repeat"选项的下拉列表中选择"no-repeat"选项，如图13-51所示，单击"确定"按钮，完成样式的创建。

图13-50

图13-51

（7）将光标置入第1行单元格中，在“属性”面板“类”选项的下拉列表中选择“bj”选项，在“水平”选项的下拉列表中选择“居中对齐”选项，在“垂直”选项的下拉列表中选择“顶端”选项，将“高”选项设为531。在该单元格中插入一个1行2列，宽为1000像素的表格，效果如图13-52所示。

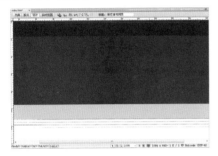

图13-52

（8）将光标置入刚插入表格的第1列单元格中，在“属性”面板“水平”选项的下拉列表中选择“左对齐”选项，将“宽”选项设为250，“高”选项设为80。单击“插入”面板“常用”选项卡中的“图像”按钮，在弹出的“选择图像源文件”对话框中，选择本书学习资源中的“Ch13 > 素材 > 锋芒游戏网页> images”文件夹中的“logo.png”文件，单击“确定”按钮，完成图像的插入，效果如图13-53所示。

（9）将光标置入第2列单元格中，在“属性”面板“ID”选项的文本框中输入“clj”，在“水平”选项的下拉列表中选择“右对齐”选项，将“宽”选项设为750，如图13-54所示。

图13-53

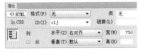

图13-54

（10）在单元格中输入文字，并为文字添加空白链接，效果如图13-55所示。

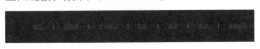

图13-55

（11）单击文档窗口左上方的“拆分”按钮 拆分 ，切换到“拆分”视图中，手动输入CSS样式，如图13-56所示。单击文档窗口左上方的“设计”按钮 设计 ，切换到“设计”视图中，效果如图13-57所示。

```
#clj {
    font-size: 14px;
    font-weight: bold;
    color: #FFF;
}
#clj a:link, #clj a:visited {
    color: #FFF;
    text-decoration: none;
}
#clj a:hover {
    color: #F36;
    border-bottom: 2px solid #0CF;
    padding-bottom: 30px;
}
```

图13-56

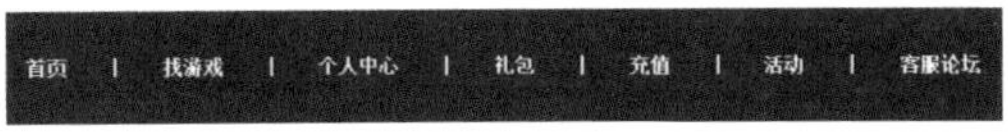

图13-57

2. 插入动画制作实时新闻

（1）将光标置入表格的右侧，插入一个2行4列，宽为1040像素的表格。将光标置入刚插入表格的第1行第1列单元格中，在“属性”面板中，将“高”选项设为44，“宽”选项设为20。将光标置入第2行第2列单元格中，单击“插入”面板“媒体”选项卡中的“媒体 SWF”按钮，在弹出的“选择SWF”对话框中，选择本书学习资源中的“Ch13 > 素材 > 锋芒游戏网页> images”文件夹中的“dh.swf”文件，如图13-58所示。单击“确定”按钮，完成动画的插入，效果如图13-59所示。

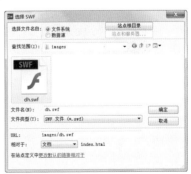

图13-58

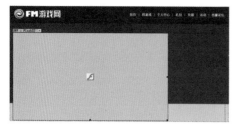

图13-59

（2）将光标置入第2行第3列单元格中，在"属性"面板"垂直"选项的下拉列表中选择"顶端"选项，将"宽"选项设为270。在该单元格中插入一个2行1列、宽为270像素的表格。

（3）新建CSS样式".bj01"，弹出".bj01的CSS规则定义"对话框。在左侧的"分类"列表中选择"背景"选项，单击"Background-image"选项右侧的"浏览"按钮，在弹出的"选择图像源文件"对话框中，选择本书学习资源中的"Ch13 > 素材 > 锋芒游戏网页 > images"文件夹中的"bt.png"文件，单击"确定"按钮，返回到对话框中。在"Background-repeat"选项的下拉列表中选择"no-repeat"选项，单击"确定"按钮，完成样式的创建。

（4）将光标置入刚插入表格的第1行单元格中，在"属性"面板"类"选项的下拉列表中选择"bj01"选项，将"高"选项设为55，效果如图13-60所示。

图13-60

（5）将光标置入第2行单元格中，在该单元格中插入一个2行1列、宽为259像素的表格。选中刚插入表格的第1行和第2行单元格，

在"属性"面板中将"背景颜色"选项设为白色。将光标置入第1行单元格中，在单元格中输入文字。选中如图13-61所示的文字，在"属性"面板"目标规则"选项的下拉列表中选择"<新内联样式>"选项，将"字体"选项设为"微软雅黑"，"大小"选项设为18，"Color"选项设为灰色（#646464），效果如图13-62所示。

图13-61　　　　　　　　图13-62

（6）将光标置入第2行单元格中，在"属性"面板中，将"高"选项设为245。在该单元格中插入一个1行1列、宽为245像素的表格。在单元格中输入段落文字，选中输入的文字，如图13-63所示。单击"属性"面板中的"项目列表"按钮 ≡，将选中的文字转为无序列表，效果如图13-64所示。

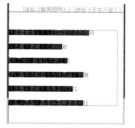 

图13-63　　　　　　　　图13-64

（7）单击文档窗口左上方的"拆分"按钮 拆分 ，切换到"拆分"视图中，手动输入CSS样式，如图13-65所示。单击文档窗口左上方的"设计"按钮 设计 ，切换到"设计"视图中，效果如图13-66所示。

```
17  li {
18      border-bottom: 1px dotted #999;
19      list-style-image:
url(images/dian.png);
20      padding-top: 10px;
21      padding-right: 10px;
22      padding-bottom: 10px;
23      padding-left: -10px;
24  }
```

图13-65

图13-66

3. 制作内容区域及底部效果

（1）将光标置入主体表格的第2行单元格中，在"属性"面板中，将"高"选项设为30。将光标置入主体表格的第3行单元格中，在"属性"面板"水平"选项的下拉列表中选择"居中对齐"选项，将"高"选项设为550。在该单元格中插入一个5行4列，宽为1000像素的表格。

（2）选中刚插入表格的第2行第1列和第2行第2列单元格，单击"属性"面板中的"合并所选单元格，使用跨度"按钮 ，将选中的单元格进行合并。用相同的方法合并其他单元格，制作出如图13-67所示的效果。

图13-67

（3）将光标置入第1行第1列单元格中，在"属性"面板"目标规则"选项的下拉列表中选择"<新内联样式>"选项，将"字体"选项设为"微软雅黑"，"大小"选项设为16，"Color"选项设为深灰色（#333），将"高"选项设为56。在单元格中输入文字，效果如图13-68所示。

（4）将光标置入第1行第2列单元格中，在"属性"面板"水平"选项的下拉列表中选择"右对齐"选项。在单元格中输入文字、插入图像并设置图像与文字的对齐方式，效果如图13-69所示。

图13-68　　　　图13-69

（5）将光标置入第1行第3列单元格中，在"属性"面板中，将"宽"选项设为35。用相同的方法设置第1行第4列单元格的宽为260。新建CSS样式".bk"，在弹出的".bk的CSS规则定义"对话框中进行设置，如图13-70所示，单击"确定"按钮，完成样式的创建。

图13-70

（6）将光标置入第2行第1列单元格中，在"属性"面板"类"选项的下拉列表中选择"bk"选项，在"水平"选项的下拉列表中选择"居中对齐"选项，将"高"选项设为370。在该单元格中插入一个4行4列，宽为670像素的表格。选中第1行和第3行所有单元格，在"属性"面板"水平"选项的下拉列表中选择"水平居中"选项。

（7）将光标置入第1行第1列单元格中，单击"插入"面板"常用"选项卡中的"图像"按钮 ，在弹出的"选择图像源文件"对话框中，选择本书学习资源中的"Ch13 > 素材 > 锋芒游戏网页> images"文件夹中的"img_1.jpg"文件，单击"确定"按钮，完成图像的插入。用相同的方法在其他单元格中插入图像，效果如图13-71所示。

图13-71

（8）新建CSS样式".text"，弹出".text的CSS规则定义"对话框。在左侧的"分类"列表中选择"类型"选项，"Font-size"选项设为14，"Line-height"选项设为25，在该选项右侧的下拉列表中选择"px"选项，"Color"选项设为深灰色（#373737），单击"确定"按钮，完成样式的创建。将光标置入第2行第1列单元格中，在"属性"面板"水平"选项的下拉列表中选择"左对齐"选项，将"高"选项设为60。在单元格中输入文字。

（9）选中图13-72所示的文字，在"属性"面板"类"选项的下拉列表中选择"text"选项，效果如图13-73所示。用相同的方法在其他单元格中输入文字并添加样式，效果如图13-74所示。

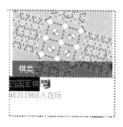
图13-72

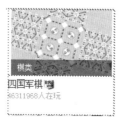
图13-73

图13-74

（10）新建CSS样式".bt"，弹出".bt的CSS规则定义"对话框。在左侧的"分类"列表中选择"类型"选项，"Font-family"选项设为"微软雅黑"，"Font-size"选项设为18，"Line-height"选项设为26，在该选项右侧的下拉列表中选择"px"选项，"Color"选项设为深灰色

（#323232），单击"确定"按钮，完成样式的创建。将光标置入第1行第4列单元格中，在"属性"面板"垂直"选项的下拉列表中选择"顶端"选项。

（11）在单元格中输入文字，如图13-75所示。选中文字"手机网游"，在"属性"面板"类"选项的下拉列表中选择"bt"选项，效果如图13-76所示。

图13-75　　　　　　　图13-76

（12）新建CSS样式".tp"，在弹出的".tp的CSS规则定义"对话框中进行设置，如图13-77所示。将本书学习资源中的"CH13＞素材＞锋芒游戏网页＞images"文件夹中的"tb_1.png"文件插入到文字"手机网游"的左侧，并应用"tp"样式，效果如图13-78所示。用相同的方法制作出如图13-79所示的效果。

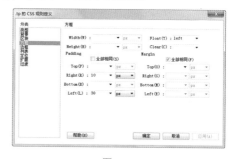
图13-77

图13-78　　　　　　　图13-79

（13）将光标置入第3行第1列单元格中，在

"属性"面板中,将"高"选项设为30。将光标置入第4行单元格中,在"属性"面板中,将"高"选项设为4,"背景颜色"选项设为灰色(#999),单击文档窗口左上方的"拆分"按钮 拆分 ,切换到"拆分"视图中,选中该单元格中的" ",按Delete键将其删除,单击文档窗口左上方的"设计"按钮 设计 ,切换到"设计"视图中。

(14)将光标置入第5行第1列单元格中,在"属性"面板"目标规则"选项的下拉列表中选择"<新内联样式>"选项,在"水平"选项的下拉列表中选择"左对齐"选项,将"Color"选项设为灰色(#323232),"高"选项设为70。在单元格中输入文字,效果如图13-80所示。用相同的方法在第5行第4列单元格中输入文字并设置相应的文字属性,效果如图13-81所示。

图13-80

图13-81

(15)新建CSS样式".dbbj",弹出".dbbj的CSS规则定义"对话框。在左侧的"分类"列表中选择"类型"选项,将"Line-height"选项设为30,在该选项右侧的下拉列表中选择"px"选项,"Color"选项设为浅灰色(#969696),

单击"确定"按钮,完成样式的创建。

(16)在左侧的"分类"列表中选择"背景"选项,将"Background-color"选项设为黑色,单击"确定"按钮,完成样式的创建。将光标置入主体表格的第4行单元格中,在"属性"面板"类"选项的下拉列表中选择"dbbj"选项,在"水平"选项的下拉列表中选择"水平居中"选项,将"高"选项设为140。在单元格中输入文字,效果如图13-82所示。

图13-82

(17)保存文档,按F12键,预览网页效果,如图13-83所示。

图13-83

练习1.1 项目背景及要求

1. 客户名称

娱乐星闻有限公司。

2. 客户需求

娱乐星闻有限公司是一家服务于中国及全球华人社群的网络媒体公司。目前特推出全新的娱乐新闻网站，网站内容主要是娱乐新闻及明星的最新动态，网站要求具有时尚性且多元化。

3. 设计要求

（1）网页设计要围绕网站特色，休闲娱乐的主题在网页上要充分体现。

（2）网页的页面布局合理，便于用户浏览、搜索。

（3）网页的主题颜色以浅色为主，增强画面质感，突出内容。

（4）设计具有时代感和现代风格，独特新颖。

（5）设计规格为1000像素（宽）×1990像素（高）。

练习1.2 项目创意及制作

1. 素材资源

图片素材所在位置： "Ch13/素材/娱乐星闻网页/images"。

文字素材所在位置： "Ch13/素材/娱乐星闻网页/text.txt"。

2. 设计作品

设计作品效果所在位置： "Ch13/效果/娱乐星闻网页/index.html"，如图13-84所示。

3. 制作要点

使用"表格"按钮，插入表格布局网页；使用"属性"面板，设置单元格的大小；使用输入文字，制作网页导航效果；使用"CSS样式"命令，设置图片与文字的对齐方式；使用"CSS样式"命令，控制文字的大小、颜色及行距的显示。

图13-84

课堂练习2——时尚潮流网页

练习2.1 项目背景及要求

1. 客户名称

爱时尚。

2. 客户需求

爱时尚是打造国内前沿时尚的专业网站。新春来临之际特推出全新的时尚网站，网站内容包括时尚搭配、最新推荐、美妆、购物、互动等。网站设计要求突出时尚潮流网页的特色，将轻松愉悦作为网站的设计主题，采用能表现出时代感的网页设计风格。

3. 设计要求

（1）网页设计要围绕网站特色，充分体现轻松愉悦的主题。

（2）网页的页面简洁，分类明确细致，便于用户浏览、搜索。

（3）网页的主题色彩突出，增强网页质感。

（4）设计具有时代感和现代风格，独特新颖。

（5）设计规格为1400像素（宽）×1580像素（高）。

练习2.2 项目创意及制作

1. 素材资源

图片素材所在位置： "Ch13/素材/时尚潮流网页/images"。

文字素材所在位置： "Ch13/素材/时尚潮流网页/text.txt"。

2. 设计作品

设计作品效果所在位置： "Ch13/效果/时尚潮流网页/index.html"，如图13-85所示。

3. 制作要点

使用"页面属性"命令，设置页面字体、大小、颜色和页边距；使用"属性"面板，设置单元格背景颜色、宽度和高度；使用"CSS样式"命令，设置文字的颜色、大小和行距。

图13-85

课后习题1——星运奇缘网页

习题1.1 项目背景及要求

1. 客户名称

星运奇缘。

2. 客户需求

星运奇缘是一家专做星座推演的平台，在星座推演领域较受欢迎且较具影响力。为了更好地为星座运势爱好者服务，现在需要重新设计网页页面。网页的设计要符合星运奇缘网的定位，能够充分展现出星座的魅力。

3. 设计要求

（1）网站设计具有时尚、活力的特色。

（2）网页的分类细致明确，内容丰富多样，能够吸引用户浏览。

（3）网页的色彩以魅惑的紫色为主，体现出星运神秘莫测的感觉。

（4）整体画面生动可爱，风格明确。

（5）设计规格为1400像素（宽）×1550像素（高）。

习题1.2 项目创意及制作

1. 素材资源

图片素材所在位置： "Ch13/素材/星运奇缘网页/images"。

文字素材所在位置： "Ch13/素材/星运奇缘网页/text.txt"。

2. 设计作品

设计作品效果所在位置： "Ch13/效果/星运奇缘网页/index.html"，如图13-86所示。

3. 制作要点

使用"页面属性"命令，设置页面字体、大小、颜色和页边距；使用"图像"按钮，插入装饰图像；使用"CSS样式"命令，设置单元格背景图像，文字颜色、大小和行距。

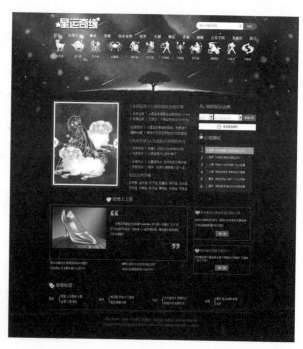

图13-86

习题2.1　项目背景及要求

1. 客户名称

休闲时光娱乐有限公司。

2. 客户需求

休闲时光娱乐有限公司为打造国内前沿的休闲娱乐专业网站，特推出全新的综艺频道网站。网页内容包括电视频道、电影栏目、节目单、资讯、纪录片、综艺、动画片等。设计要求突出休闲时光网站综艺频道的特色，将轻松愉悦作为网站的设计主题，采用能表现出时代感的网页设计风格。

3. 设计要求

（1）网页设计首先要围绕网站特色，轻松愉悦的主题在网页上要充分体现。

（2）网页的页面简洁，分类明确细致，便于用户浏览、搜索。

（3）网页背景以浅色调为主，突出主体内容。

（4）设计具有时代感和现代风格，独特新颖。

（5）设计规格为1400像素（宽）×1570像素（高）。

习题2.2　项目创意及制作

1. 素材资源

图片素材所在位置： "Ch13/素材/综艺频道网页/images"。

文字素材所在位置： "Ch13/素材/综艺频道网页/text.txt"。

2. 设计作品

设计作品效果所在位置： "Ch13/效果/综艺频道网页/index.html"，如图13-87所示。

3. 制作要点

使用"页面属性"命令，设置页面字体、大小、颜色和页边距；使用"图像"按钮，插入网页中所需的图像；使用"代码"命令，设置图像与文字的对齐方式；使用"CSS样式"命令，设置文字大小、颜色、行距和单元格的背景图像；使用"属性"面板，设置单元格的宽度和高度。

图13-87

13.3.1 项目背景及要求

1. 客户名称

WAM享运户外。

2. 客户需求

WAM享运户外是一个大型的户外运动俱乐部，运动项目包括登山、攀岩、悬崖速降、在野外露营、野炊、定向运动、溪流等项目。现为扩大其知名度，需要制作网站，要求网站设计围绕户外运动这一主题，表现出拥抱自然、挑战自我的运动精神与魅力。

3. 设计要求

（1）网页背景要求使用专业的滑雪场地摄影照片，使网页视野开阔。

（2）网页多使用清新干净的色彩搭配，为画面增添自然之感。

（3）网页内容丰富，能够达到宣传效果。

（4）导航栏的设计要直观简洁，不要喧宾夺主。

（5）设计规格为1600像素（宽）×1500像素（高）。

13.3.2 项目创意及制作

1. 素材资源

图片素材所在位置： "Ch13/素材/户外运动网页/images"。

文字素材所在位置： "Ch13/素材/户外运动网页/text.txt"。

2. 设计作品

设计作品效果所在位置： "Ch13/效果/户外运动网页/index.html"，如图13-88所示。

图13-88

3. 制作要点

使用"表格"按钮，布局网页；使用"CSS样式"命令，设置表格、单元格的背景图像和边线效果；使用"属性"面板，改变文字的颜色、大小和字体；使用"属性"面板，设置单元格的高度和图像的边距。

13.3.3 案例制作及步骤

1. 制作导航条

（1）选择"文件 > 新建"命令，新建空白文档。选择"文件 > 保存"命令，弹出"另存为"对话框，在"保存在"选项的下拉列表中选择当前站点目录保存路径；在"文件名"选项的文本框中输入"index"，单击"保存"按钮，返回网页编辑窗口。

（2）选择"修改 > 页面属性"命令，弹出"页面属性"对话框，在左侧的"分类"列表中选择"外观（CSS）"选项，将"大小"选项设为12，"文本颜色"选项设为灰色（#969696），"左边距""右边距""上边距""下边距"选项均设为0，如图13-89所示。

图13-89

（3）在左侧的"分类"列表中选择"标题/编码"选项，在"标题"选项的文本框中输入"户外运动网页"，如图13-90所示。单击"确定"按钮完成页面属性的修改。

图13-90

（4）单击"插入"面板"常用"选项卡中的"表格"按钮，在弹出的"表格"对话框中进行设置，如图13-91所示。单击"确定"按钮，完成表格的插入。保持表格的选取状态，在"属性"面板"对齐"选项的下拉列表中选择"居中对齐"选项。

图13-91

（5）选择"窗口 > CSS样式"命令，弹出"CSS样式"面板，单击"新建CSS规则"按钮，在弹出的对话框中进行设置，如图13-92所示。单击"确定"按钮，弹出".bj的CSS规则定

义"对话框，在左侧的"分类"列表中选择"背景"选项，单击"Background-image"选项右侧的"浏览"按钮，在弹出的"选择图像源文件"对话框中，选择本书学习资源中的"Ch13 > 素材 > 户外运动网页 > images"文件夹中的"bj.jpg"文件，单击"确定"按钮，返回到对话框中。在"Background-repeat"选项的下拉列表中选择"repeat-x"选项。

图13-92

（6）在左侧的"分类"列表中选择"边框"选项，取消选择"Style""Width""Color"选项组中的"全部相同"复选项。在"Style"属性"Bottom"选项的下拉列表中选择"solid"选项；在"Width"属性"Bottom"选项的文本框中输入1，在该选项右侧的下拉列表中选择"px"选项；将"Color"属性"Bottom"选项设为灰色（#768187），如图13-93所示，单击"确定"按钮完成样式的创建。

图13-93

（7）将光标置入第1行单元格中，在"属性"面板"水平"选项的下拉列表中选择"居

中对齐"选项，在"类"选项的下拉列表中选择"bj"选项，将"高"选项设为95，如图13-94所示。

图13-94

（8）在该单元格中插入一个1行2列，宽为980像素的表格。将光标置入刚插入表格的第1行单元格中，在"属性"面板"水平"选项的下拉列表中选择"左对齐"选项，将"宽"选项设为·390。单击"插入"面板"常用"选卡中的"图像"按钮▣·，在弹出的"选择图像源文件"对话框中，选择本书学习资源中的"Ch13 > 素材 > 户外运动网页 > images"文件夹中的"logo.png"文件，单击"确定"按钮，完成图像的插入，如图13-95所示。

图13-95

（9）将光标置入第2列单元格中，在"属性"面板"目标规则"选项的下拉列表中选择"<新内联样式>"选项，将"大小"选项设为14，"Color"选项设为白色。在单元格中输入文字和空格，如图13-96所示。

图13-96

（10）新建CSS样式".pic"，弹出".pic的CSS规则定义"对话框。在左侧的"分类"列表中选择"区块"选项，在"Vertical-align"选项的下拉列表中选择"middle"选项。在左侧的"分类"列表中选择"方框"选项，取消选择"Padding"选项组中的"全部相同"复选项。将

"Right"选项设为10，在右侧选项的下拉列表中选择"px"选项。单击"确定"按钮，完成样式的创建。

（11）将"tb_1.png""tb_2.png""tb_3.png""tb_4.png"文件插入相应的位置，并应用"pic"样式，效果如图13-97所示。

图13-97

（12）新建CSS样式".bj01"，弹出".bj01的CSS规则定义"对话框。在左侧的"分类"列表中选择"背景"选项，单击"Background-image"选项右侧的"浏览"按钮，在弹出的"选择图像源文件"对话框中，选择本书学习资源中的"Ch13 > 素材 > 户外运动网页 > images"文件夹中的"bj_1.jpg"文件，单击"确定"按钮，返回到对话框中。在"Background-repeat"选项的下拉列表中选择"repeat-x"选项，单击"确定"按钮，完成样式的创建。

（13）将光标置入主体表格的第2行单元格中，在"属性"面板"水平"选项的下拉列表中选择"居中对齐"选项，在"垂直"选项的下拉列表中选择"顶端"选项，将"高"选项设为79。在该单元格中插入一个1行7列，宽为840像素的表格，如图13-98所示。

图13-98

（14）新建CSS样式".bk"，弹出".bk的CSS规则定义"对话框。在左侧的"分类"列表中选择"边框"选项，取消选择"Style""Width""Color"选项组中的"全部相同"复选项。在"Style"属性"Right"选项的下拉列表中选择"solid"选项；在"Width"属性"Right"选项的文本框中输入"1"，在该选项右侧的下拉列表中选择"px"选项；将"Color"

属性"Right"选项设为灰色（#768187），单击"确定"按钮，完成样式的创建。

（15）选中图13-99所示的单元格，在"属性"面板"水平"选项的下拉列表中选择"居中对齐"选项，将"宽"选项设为120，"高"选项设为69。在各个单元格中输入文字，如图13-100所示。

图13-99

图13-100

（16）将光标置入第1列单元格中，在"属性"面板"类"选项的下拉列表中选择"bk"选项，应用样式。用相同的方法为第2列、第3列、第4列、第5列和第6列单元格应用"bk"样式。

（17）新建CSS样式".daohang"，弹出".daohang的CSS规则定义"对话框。在左侧的"分类"列表中选择"类型"选项，将"Font-size"选项设为16，在该选项右侧的下拉列表中选择"px"选项，在"Font-weight"选项的下拉列表中选择"bold"选项，将"Color"选项设为白色，单击"确定"按钮，完成样式的创建。

（18）选中文字"首页"，在"属性"面板"格式"选项的下拉列表中选择"段落"选项，在"类"选项的下拉列表中选择"daohang"选项，应用样式，效果如图13-101所示。用相同的方法为其他文字应用样式，效果如图13-102所示。

图13-101

图13-102

2. 制作焦点区域

（1）新建CSS样式".bj02"，弹出".bj02的CSS规则定义"对话框。在左侧的"分类"列表中选择"背景"选项，单击"Background-image"选项右侧的"浏览"按钮，在弹出的"选择图像源文件"对话框中，选择本书学习资源中的"Ch13 > 素材 > 户外运动网页 > images"文件夹中的"bj_2.jpg"文件，单击"确定"按钮，返回到对话框中。在"Background-repeat"选项的下拉列表中选择"repeat-x"选项，单击"确定"按钮，完成样式的创建。

（2）将光标置入主体表格的第3行单元格中，在"属性"面板"水平"选项的下拉列表中选择"居中对齐"选项，在"垂直"选项的下拉列表中选择"顶端"选项，在"类"选项的下拉列表中选择"bj02"选项，将"高"选项设为1323，效果如图13-103所示。

图13-103

（3）在该单元格中插入一个1行1列，宽为1000像素的表格。将光标置入刚插入表格的单元格中，在"属性"面板"水平"选项的下拉列表中选择"居中对齐"选项，在"垂直"选项的下拉列表中选择"顶端"选项，将"高"选项设为1323，"背景颜色"选项设为白色，效果如图13-104所示。

图13-104

（4）在该单元格中插入一个8行1列，宽为980像素的表格。新建CSS样式".bk01"，弹出".bk01的CSS规则定义"对话框。在左侧的"分类"列表中选择"边框"选项，取消选择"Style""Width""Color"选项组中的"全部相同"复选项。在"Style"属性"Bottom"选项的下拉列表中选择"solid"选项；在"Width"属性"Bottom"选项的文本框中输入1，在该选项右侧的下拉列表中选择"px"选项；将"Color"属性"Bottom"选项设为灰色（#999），单击"确定"按钮完成样式的创建。

（5）将光标置入刚插入表格的第1行单元格中，在"属性"面板"垂直"选项的下拉列表中选择"顶端"选项，在"类"选项的下拉列表中选择"bk01"选项，将"高"选项设为370。将本书学习资源中的"jd.jpg"文件插入该单元格中，如图13-105所示。将光标置入第2行单元格中，在"属性"面板中，将"高"选项设为20。

图13-105

（6）将光标置入第3行单元格中，在该单元格中插入一个1行5列，宽为980像素的表格。将光标置入刚插入表格的第1行第1列单元格中，在"属性"面板中，将"宽"选项设为245。在单元格中输入文字，如图13-106所示。

（7）新建CSS样式".bt"，弹出".bt的CSS规则定义"对话框。在左侧的"分类"列表中选择"类型"选项，将"Font-family"选项设为"微软雅黑"，"Font-size"选项设为22，在该选项右侧的下拉列表中选择"px"选项，将"Color"选项设为深灰色（#3f4a50），单击"确定"按钮，完成样式的创建。

（8）选中如图13-107所示的文字，在"属性"面板"类"选项的下拉列表中选择"bt"选项，应用样式，效果如图13-108所示。

图13-106　　　　　　　　图13-107

图13-108

（9）新建CSS样式".bt01"，弹出".bt01的CSS规则定义"对话框。在左侧的"分类"列表中选择"类型"选项，将"Font-size"选项设为14，在该选项右侧的下拉列表中选择"px"选项，将"Line-height"选项设为20，在该选项右侧的下拉列表中选择"px"选项，将"Color"选项设为深灰色（#3f4a50），单击"确定"按钮，完成样式的创建。

（10）新建CSS样式".text"，弹出".text的CSS规则定义"对话框。在左侧的"分类"列表中选择"类型"选项，将"Line-height"选项设为20，在该选项右侧的下拉列表中选择"px"选项，单击"确定"按钮，完成样式的创建。

（11）选中图13-109所示的文字，在"属性"面板"类"选项的下拉列表中选择"bt01"选项，应用样式，效果如图13-110所示。选中图13-111所示的文字，在"属性"面板"类"选项的下拉列表中选择"text"选项，应用样式，效果如图13-112所示。

图13-109

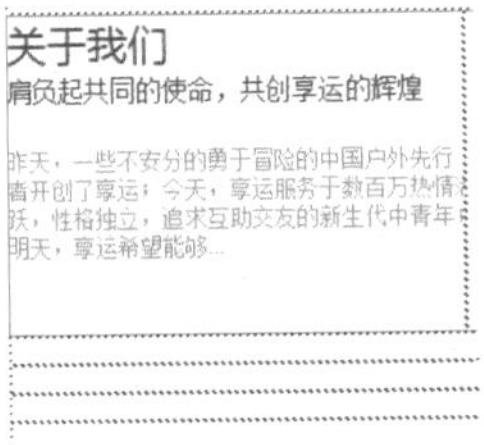

图13-110

图13-111

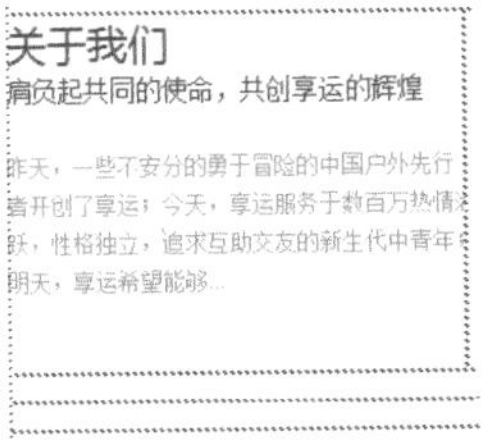

图13-112

（12）将本书学习资源中的"CH13>素材>户外运动网页>images"文件夹中的"jt.png"文件插入相应位置，如图13-113所示。用上述方法制作出如图13-114所示的效果。

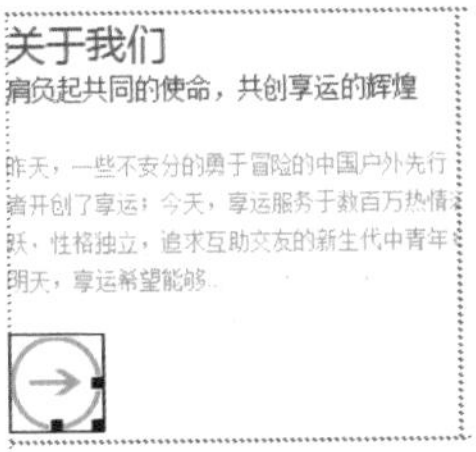

图13-113

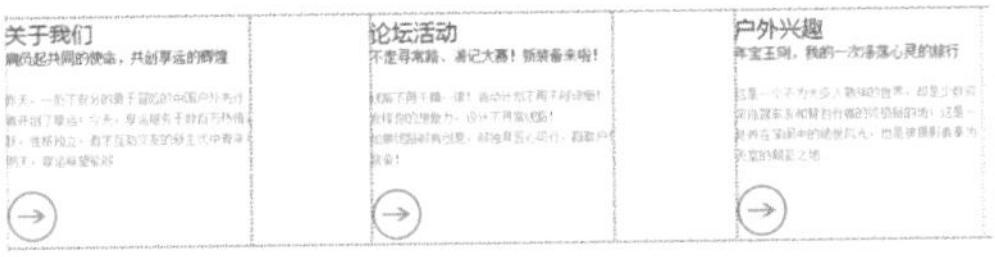

图13-114

3. 制作底部区域

（1）将光标置入主体表格的第4行单元格中，在"属性"面板中，将"高"选项设为210。将本书学习资源中的"CH13>素材>户外

运动网页>images"文件夹中的"ggt.jpg"文件插入该单元格中，如图13-115所示。

图13-115

（2）将光标置入主体表格的第5行单元格中，在该单元格中插入一个2行7列，宽为980像素的表格。选中刚插入表格的第1行所有单元格，在"属性"面板"垂直"选项的下拉列表中选择"顶端"选项，将"高"选项设为170。

（3）将本书学习资源中的"CH13>素材>户外运动网页>images"文件夹中的"img_1.jpg""img_2.jpg""img_3.jpg""img_4.jpg"文件插入相应的单元格中，如图13-116所示。

图13-116

（4）将光标置入第2行第1列单元格中，在单元格中输入文字。选中图13-117所示的文字，在"属性"面板"类"选项的下拉列表中选择"bt01"选项，应用样式，效果如图13-118所示。

图13-117

图13-118

（5）选中图13-119所示的文字，在"属性"面板"类"选项的下拉列表中选择"text01"选项，应用样式，效果如图13-120所示。

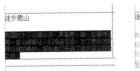

图13-119

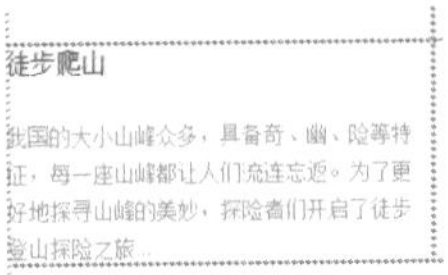

图13-120

（6）用相同的方法制作出如图13-121所示的效果。

图13-121

（7）将光标置入主体表格的第6行单元格中，在"属性"面板中，将"高"选项设为55。新建CSS样式".bj03"，弹出".bj03的CSS规则定义"对话框。在左侧的"分类"列表中选择"类型"选项，将"Font-size"选项设为14，在该选项右侧的下拉列表中选择"px"选项，将"Color"选项设为灰色（#7a7a7a）。

（8）在左侧的"分类"列表中选择"背景"选项，单击"Background-image"选项右侧的"浏览"按钮，在弹出的"选择图像源文件"对话框中，选择本书学习资源中的"Ch13 > 素材 > 户外运动网页 > images"文件夹中的"bj_3.jpg"文件，单击"确定"按钮，返回到对话框中。在"Background-repeat"选项的下拉列表中选择"repeat-x"选项，单击"确定"按钮，完成样式的创建。

（9）将光标置入主体表格的第7行单元格中，在"属性"面板"水平"选项的下拉列表中选择"居中对齐"选项，在"类"选项的下拉列表中选择"bj03"选项，将"高"选项设为68。在单元格中输入文字，效果如图13-122所示。

图13-122

（10）将光标置入主体表格的第8行单元格中，在"属性"面板"水平"选项的下拉列表中选择"居中对齐"选项，将"高"选项设为60，"背景颜色"选项设为深灰色（#1A1A1A）。在单元格中输入文字，效果如图13-123所示。

关于我们 | 帮助中心 | 实用工具 | 关注我们 | 博下网站 | 手机客户端 | 客服中心 | 网站导航
Copyright © 2014-2015 WAM享运户外 版权所有 粤ICP证080047号 粤公网安备 1100000000008号

图13-123

（11）户外运动网页效果制作完成，保存文档，按F12键预览网页效果，如图13-124所示。

图13-124

课堂练习1——篮球运动网页

练习1.1 项目背景及要求

1. 客户名称

VBFE。

2. 客户需求

VBFE是一家著名的网络公司。公司目前想要推出一个以篮球为主要内容的网站，以报道与篮球相关的最新资讯、转播赛事及销售相关产品。网站要求内容明确，以篮球为主，设计要抓住重点，明确主题。

3. 设计要求

（1）网页风格以篮球运动的活力激情为主。

（2）设计要时尚、简洁、大方，体现网站的质感。

（3）网页图文搭配合理，符合大众审美。

（4）色彩搭配使用红色，体现篮球运动的热情与活力。

（5）设计规格为986像素（宽）×1005像素（高）。

练习1.2 项目创意及制作

1. 素材资源

图片素材所在位置： "Ch13/素材/篮球运动网页/images"。

文字素材所在位置： "Ch13/素材/篮球运动网页/text.txt"。

2. 设计作品

设计作品效果所在位置： "Ch13/效果/篮球运动网页/index.html"，如图13-125所示。

3. 制作要点

使用"页面属性"命令，设置页面的字号大小、背景颜色和边距；使用"表格"按钮，插入表格；使用"图像"按钮，插入图像；使用"代码"命令，制作滚动条效果；使用"日期"按钮，插入日期时间；使用"CSS样式"面板，设置文字的大小和颜色。

图13-125

课堂练习2——旅游度假网页

练习2.1　项目背景及要求

1. 客户名称

旅游度假村。

2. 客户需求

旅游度假村是一个专业的提供旅游信息的平台。旅游度假村有官方旅游网站，用于向广大旅游朋友提供网络咨询服务并进行市场推广。现新建设旅游网，想通过发布各种旅游相关信息，提供旅游线路供游客选择，为旅客提供服务，同时推广自己，让更多旅客了解自己。

3. 设计要求

（1）网站设计风格具有旅游特色。

（2）网站的色彩使用浅色调，能让人感到宁静舒适。

（3）淡雅的风格能够突出主题，达到宣传目的。

（4）整体画面搭配合理，具有创新。

（5）设计规格为1400像素（宽）×1970像素（高）。

练习2.2　项目创意及制作

1. 素材资源

图片素材所在位置："Ch13/素材/旅游度假网页/images"。

文字素材所在位置："Ch13/素材/旅游度假网页/text.txt"。

2. 设计作品

设计作品效果所在位置："Ch13/效果/旅游度假网页/index.html"，如图13-126所示。

3. 制作要点

使用"页面属性"命令，设置页面字体、大小、颜色及页边距和页面标题；使用"图像"按钮，插入装饰图像；使用"属性"面板，改变单元格的高度、宽度、对齐方式及背景颜色；使用"CSS样式"命令，设置单元格背景图像和文字的颜色、大小及行距。

图13-126

课后习题1——休闲生活网页

习题1.1　项目背景及要求

1. 客户名称

休闲生活。

2. 客户需求

休闲生活是一个提倡轻生活这一概念的网站。现代人在生活中无论是心理上还是身体上，都背负着过多的负担与累赘，休闲生活讲究的是一种丢掉的观念，放慢脚步，放松自己。公司目前想要更新网站，以创意生活、健康美食、休闲生活为主题，要求网站内容明确，以休闲生活为主，设计要抓住重点，明确主题。

3. 设计要求

（1）网页风格以休闲生活为主题。

（2）设计要时尚、简洁、大方，体现网站的特点。

（3）网页图文搭配合理，符合大众审美。

（4）网页设计以浅色调为主，体现出休闲生活轻松舒适的氛围。

（5）设计规格为1400像素（宽）×1570像素（高）。

习题1.2　项目创意及制作

1. 素材资源

图片素材所在位置： "Ch13/素材/休闲生活网页/images"。

文字素材所在位置： "Ch13/素材/休闲生活网页/text.txt"。

2. 设计作品

设计作品效果所在位置： "Ch13/效果/休闲生活网页/index.html"，如图13-127所示。

3. 制作要点

使用"页面属性"命令，改变页面字体、大小、颜色，背景颜色和页边距效果；使用"图像"按钮，插入图像；使用"CSS样式"面板，制作单元格背景、文字颜色和行距效果；使用"属性"面板，改变单元格的背景颜色、高度和宽度。

图13-127

课后习题2——瑜伽休闲网页

习题2.1 项目背景及要求

1. 客户名称

时尚瑜伽馆。

2. 客户需求

时尚瑜伽馆是一家设施齐全、教学项目全面，并且配有专业的教练进行教学指导的瑜伽馆。瑜伽馆氛围良好，客户在这里能够得到很好的锻炼。目前瑜伽馆为扩大知名度，需要制作瑜伽馆网站，网页设计要求能够达到宣传效果。

3. 设计要求

（1）网站设计风格具有瑜伽的特色。

（2）网站的色彩使用紫色，能让人感到宁静舒适。

（3）淡雅的风格能够突出主题，达到宣传目的。

（4）整体画面搭配合理，具有创新。

（5）设计规格为1400像素（宽）×1535像素（高）。

习题2.2 项目创意及制作

1. 素材资源

图片素材所在位置： "Ch13/素材/瑜伽休闲网页/images"。

文字素材所在位置： "Ch13/素材/瑜伽休闲网页/text.txt"。

2. 设计作品

设计作品效果所在位置： "Ch13/效果/瑜伽休闲网页/index.html"，如图13-128所示。

3. 制作要点

使用"页面属性"命令，改变页面字体、大小、颜色及背景图像和页边距效果；使用"CSS样式"面板，制作单元格背景、文字颜色和行距效果；使用"属性"面板，改变单元格的高度和宽度。

图13-128

13.4 房产网页——房产新闻网页

13.4.1 项目背景及要求

1. 客户名称

域都精品房产。

2. 客户需求

域都精品房产是一家经营房地产开发、物业管理、城市商品住宅、商品房销售等业务的全方位发展的房地产公司。现需要为该公司制作购房网站，要求简洁大方、设计精美，体现企业的高端品质。

3. 设计要求

（1）设计风格要求时尚大方，功能齐全，制作精美。

（2）要求网页的背景为蓝灰色，运用淡雅的风格和简洁的画面展现企业高端的品质。

（3）围绕房产的特色对网站进行设计搭配，分类明确细致。

（4）整体风格沉稳大气，表现出企业的文化内涵。

（5）设计规格为1400像素（宽）×1735像素（高）。

13.4.2 项目创意及制作

1. 素材资源

图片素材所在位置： "Ch13/素材/房产新闻网页/images"。

文字素材所在位置： "Ch13/素材/房产新闻网页/text.txt"。

2. 设计作品

设计作品效果所在位置： "Ch13/效果/房产新闻网页/index.html"，如图13-129所示。

图13-129

3. 制作要点

使用"页面属性"命令，设置页面字体、大小、颜色及页边距和页面表格；使用"鼠标经过图像"按钮，制作导航条效果；使用"CSS样式"命令，设置单元格背景图像，文字大小、颜色和行距。

13.4.3 案例制作及步骤

1. 设置页面属性并制作导航条效果

（1）选择"文件 > 新建"命令，新建空白文档。选择"文件 > 保存"命令，弹出"另存为"对话框。在"保存在"选项的下拉列表中选择当前站点目录保存路径，在"文件名"选项的文本框中输入"index"，单击"保存"按钮，返回网页编辑窗口。

（2）选择"修改 > 页面属性"命令，弹出"页面属性"对话框，在左侧的"分类"列表中选择"外观（CSS）"选项，将"页面字体"选项设为"宋体"，"大小"选项设为12，"文本颜色"选项设为灰色（#4d4e53），"左边距""右边距""上边距""下边距"选项均设为0，如图13-130所示。

图13-130

（3）在左侧的"分类"列表中选择"标题/编码"选项，在"标题"选项的文本框中输入"房产新闻网页"，如图13-131所示。单击"确定"按钮完成页面属性的修改。

图13-131

（4）单击"插入"面板"常用"选项卡中的"表格"按钮，在弹出的"表格"对话框中进行设置，如图13-132所示。单击"确定"按钮，完成表格的插入。保持表格的选取状态，在"属性"面板"对齐"选项的下拉列表中选择"居中对齐"选项。

图13-132

（5）将光标置入第1行单元格中，在"属性"面板"水平"选项的下拉列表中选择"居中对齐"选项，将"高"选项设为110，"背景颜色"选项设为淡蓝色（#e5f2fb），如图13-133所示。在该单元格中插入一个1行2列，宽为960像素的表格。

图13-133

（6）将光标置入刚插入表格的第1列单元格中，单击"插入"面板"常用"选项卡中的"图像"按钮，在弹出的"选择图像源文件"对话框中，选择本书学习资源中的"Ch13 > 素材 > 房产新闻网页> images"文件夹中的"logo.png"文件，单击"确定"按钮，完成图像的插入，效果如图13-134所示。

图13-134

（7）选择"窗口 > CSS样式"命令，弹出"CSS样式"面板，单击面板下方的"新建CSS规则"按钮，在弹出的对话框中进行设置，如图13-135所示。单击"确定"按钮，在弹出的".pic的CSS规则定义"对话框中进行设置，如图13-136所示。

图13-135

图13-136

（8）将光标置入第2列单元格中，在"属性"面板"水平"选项的下拉列表中选择"右对齐"选项。将"tb_1.png""tb_2.png""tb_3.png""tb_4.png""tb_5.png""tb_6.png"文件插入该单元格中，并应用"pic"样式，效果如图13-137所示。

图13-137

（9）单击"CSS样式"面板下方的"新建CSS规则"按钮 🔲，在弹出的对话框中进行设置，如图13-138所示。单击"确定"按钮，弹出".bj的CSS规则定义"对话框。在左侧的"分类"列表中选择"背景"选项，将"Background-color"选项设为深灰色（#343746）；单击"Background-image"选项右侧的"浏览"按钮，在弹出的"选择图像源文件"对话框中，选择本书学习资源中的"Ch13 > 素材 > 房产新闻网页 > images"文件夹中的"bj.jpg"文件，单击"确定"按钮，返回到对话框中；在"Background-repeat"选项的下拉列表中选择"no-repeat"选项，如图13-139所示。单击"确定"按钮，完成样式的创建。

图13-138

图13-139

（10）将光标置入主体表格的第2行单元格中，在"属性"面板"水平"选项的下拉列表中选择"居中对齐"选项，在"垂直"选项的下拉列表中选择"顶端"选项，在"类"选项的下拉列表中选择"bj"选项，将"高"选项设为1000，效果如图13-140所示。在该单元格中插入一个10行2列，宽为960像素的表格。

图13-140

（11）选中图13-141所示的单元格，单击"属性"面板中的"合并所选单元格，使用跨度"按钮 🔲，将选中的单元格合并。用相同的方法合并其他单元格，效果如图13-142所示。

图13-141

图13-142

（12）将光标置入第1行单元格中，在"属性"面板"垂直"选项的下拉列表中选择"顶端"选项，将"高"选项设为96。单击"插入"面板"常用"选项卡中的"鼠标经过图像"按钮，弹出"插入鼠标经过图像"对话框，单击"原始图像"选项右侧的"浏览"按钮，弹出"原始图像"对话框，选择本书学习资源中的"Ch13 > 素材 > 房产新闻网页 > images"文件夹中的"dh_a1.png"文件，单击"确定"按钮，返回到"插入鼠标经过图像"对话框，如图13-143所示。

图13-143

（13）单击"鼠标经过图像"选项右侧的"浏览"按钮，弹出"鼠标经过图像"对话框，选择本书学习资源中的"Ch13 > 素材 > 房产新闻网页 > images"文件夹中的"dh_b1.png"文件，单击"确定"按钮，返回到"插入鼠标经过图像"对话框，如图13-144所示。单击"确定"按钮，文档效果如图13-145所示。用相同的方法插入其他鼠标经过图像，效果如图13-146所示。

图13-144

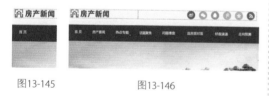

图13-145　　　　　图13-146

2. 制作今日要闻和推荐楼盘区域

（1）将光标置入第2行单元格中，在"属性"面板中，将"高"选项设为150。将光标置入第3行第1列单元格中，在"属性"面板"水平"选项的下拉列表中选择"左对齐"选项，将"宽"选项设为363，"高"选项设为65，"背

景颜色"选项设为黑色（#1e2326），效果如图13-147所示。在该单元格中插入图像"tp_1.png"并输入文字，效果如图13-148所示。

图13-147　　　　　图13-148

（2）新建CSS样式".pic_1"，弹出".pic_1的CSS规则定义"对话框。在左侧的"分类"列表中选择"区块"选项，在"Vertical-align"选项列表中选择"middle"选项，如图13-149所示。在左侧的"分类"列表中选择"方框"选项，在"Float"选项的下拉列表中选择"left"选项，取消选择"Margin"选项组中的"全部相同"复选项，将"Right"选项设为15，"Left"选项设为30，如图13-150所示。单击"确定"按钮，完成样式的创建。

图13-149

图13-150

（3）选中图13-151所示的图像，在"属性"面板"类"选项的下拉列表中选择"pic_1"选

项，应用样式，效果如图13-152所示。

图13-151 图13-152

（4）新建CSS样式".bt01"，弹出".bt01的CSS规则定义"对话框。在左侧的"分类"列表中选择"类型"选项，将"Font-family"选项设为"微软雅黑"，"Font-size"选项设为24，"Color"选项设为白色，单击"确定"按钮，完成样式的创建。

（5）新建CSS样式".bt02"，弹出".bt02的CSS规则定义"对话框。在左侧的"分类"列表中选择"类型"选项，将"Font-family"选项设为"微软雅黑"，"Font-size"选项设为24，"Color"选项设为红色（#eb2e4a），单击"确定"按钮，完成样式的创建。

（6）选中文字"今日要闻"，在"属性"面板"类"选项的下拉列表中选择"bt01"选项，应用样式，效果如图13-153所示。选中英文"NEWS"，在"属性"面板"类"选项的下拉列表中选择"bt02"选项，应用样式，效果如图13-154所示。

图13-153 图13-154

（7）新建CSS样式".bj01"，在弹出的".bj01的CSS规则定义"对话框中进行设置，如图13-155所示。单击"确定"按钮，完成样式的创建。将光标置入第4行第1列单元格中，在"属性"面板"水平"选项的下拉列表中选择"居中对齐"选项，在"垂直"选项的下拉列表中选择"顶端"选项，在"类"选项的下拉列表中选择"bj01"选项，将"高"选项设为400，"背景颜色"选项设为灰色（#eff0f4）。在该单元格中插入一个6行1列，宽为312像素的表格，效果如图13-156所示。

（8）将光标置入刚插入表格的第1行单元格中，在"属性"面板"水平"选项的下拉列表中选择"左对齐"选项，将"高"选项设为130。在单元格中插入"yf_1.png"文件，并输入文字，效果如图13-157所示。

图13-155

图13-156 图13-157

（9）新建CSS样式".pic_2"，弹出".pic_2的CSS规则定义"对话框。在左侧的"分类"列表中选择"方框"选项，在"Float"选项的下拉列表中选择"left"选择，取消选择"Margin"选项组中的"全部相同"复选项，将"Right"选项设为17，单击"确定"按钮，完成样式的创建。

（10）选中图13-158所示的图片，在"属性"面板"类"选项的下拉列表中选择".pic_2"选项，应用样式，效果如图13-159所示。

图13-158 图13-159

（11）新建CSS样式".text"，弹出".text的CSS规则定义"对话框。在左侧的"分类"列表中选择"类型"选项，将"Line-height"选项设为20，在该选项右侧的下拉列表中选择"px"选项，单击"确定"按钮，完成样式的创建。

（12）选中图13-160所示的文字，在"属性"面板"类"选项的下拉列表中选择"text"选项，应用样式，效果如图13-161所示。

图13-160　　　　　　图13-161

（13）将光标置入图13-162所示的单元格中，单击"插入"面板"常用"选项卡中的"图像"按钮，在弹出的"选择图像源文件"对话框中，选择本书学习资源中的"Ch13 > 素材 > 房产新闻网页 > images"文件夹中的"line.jpg"文件，单击"确定"按钮，完成图像的插入，效果如图13-163所示。用相同的方法在其单元格中插入图像、输入文字并应用相应的样式，效果如图13-164所示。

图13-162　　　　　　图13-163

图13-164

（14）将光标置入第3行第2列单元格中，在"属性"面板"水平"选项的下拉列表中选择"右对齐"选项，在"垂直"选项的下拉列表中选择"底部"选项，将"宽"选项设为597。将"jt_1.png"文件插入该单元格中，效果如图13-165所示。

图13-165

（15）新建CSS样式".bj02"，弹出".bj02的CSS规则定义"对话框。在左侧的"分类"列表中选择"背景"选项，将"Background-color"选项设为灰色（#e6e7ec）；在"Background-repeat"选项的下拉列表中选择"repeat-x"选项；单击"Background-image"选项右侧的"浏览"按钮，在弹出的"选择图像源文件"对话框中，选择本书学习资源中的"Ch13 > 素材 > 房产新闻网页 > images"文件夹中的"bj01.png"文件，单击"确定"按钮，返回对话框。单击"确定"按钮，完成样式的创建。

（16）将光标置入第4行第2列单元格中，在"属性"面板"水平"选项的下拉列表中选择"居中对齐"选项，在"垂直"选项的下拉列表中选择"顶端"选项，在"类"选项的下拉列表中选择"bj02"选项。在该单元格中插入表格、输入文字、插入图像，并分别应用相应的样式，效果如图13-166所示。

图13-166

3. 制作内容区域及底部效果

（1）选中第5、6、7、9行单元格，在"属性"面板中，将"背景颜色"选项设为灰色

（#EFF0F4），效果如图13-167所示。将光标置入第5行单元格中，在"属性"面板中将"高"选项设为50。

图13-167

（2）新建CSS样式".bk"，弹出".bk的CSS规则定义"对话框。在左侧的"分类"列表中选择"背景"选项，将"Background-color"选项设为灰色（#e0e1e6）。在左侧的"分类"列表中选择"边框"选项，设置"Style"选项组为"solid"，"Width"选项组为1，"Color"选项组为灰色（#c8c8c8），单击"确定"按钮，完成样式的创建。

（3）将光标置入第6行第1列单元格中，在"属性"面板"水平"选项的下拉列表中选择"右对齐"选项，在"垂直"选项的下拉列表中选择"顶端"选项，将"高"选项设为460。在该单元格中插入一个1行1列，宽为335像素的表格。保持表格的选取状态，在"属性"面板"类"选项列表中选择"bk"选项，应用样式。

（4）将光标置入刚插入表格的单元格中，在"属性"面板"水平"选项的下拉列表中选择"居中对齐"选项，将"高"选项设为420。在该单元格中插入一个3行1列，宽为313像素的表格。在单元格中插入图像、输入文本，并分别应用相应的样式，效果如图13-168所示。用相同的方法制作出图13-169所示的效果。

图13-168

图13-169

（5）用上述的方法在其他单元格中插入表格、图像，输入文字，并应用相应的样式，效果如图13-170所示。

图13-170

（6）保存文档，按F12键预览网页效果，如图13-171所示。

图13-171

练习1.1 项目背景及要求

1. 客户名称

短租网。

2. 客户需求

短租网是一家经营房地产开发、物业管理、城市商品住宅、房屋租售等业务的全方位发展的房地产公司。公司为迎合市场需求，扩大知名度，需要制作租房网站。网站设计要求温馨舒适，并且细致精美，体现出简单舒适的特点。

3. 设计要求

（1）设计风格要求温馨时尚，舒适大方。

（2）要求网页设计使用浅色背景，突出画面主体。

（3）网站设计围绕房屋租赁的特色进行设计搭配，分类明确细致。

（4）整体风格沉稳大气，表现出企业的文化内涵。

（5）设计规格为1400像素（宽）×2125像素（高）。

练习1.2 项目创意及制作

1. 素材资源

图片素材所在位置： "Ch13/素材/短租网页/images"。

文字素材所在位置： "Ch13/素材/短租网页/text.txt"。

2. 设计作品

设计作品效果所在位置： "Ch13/效果/短租网页/index.html"，如图13-172所示。

3. 制作要点

使用"页面属性"命令，设置页面字体、大小、颜色及页边距和页面标题；使用"表格"按钮，布局页面；使用"图像"按钮，插入图像，添加网页标志和广告条；使用"CSS样式"命令，设置文字颜色、大小及文字行距显示；使用"属性"面板，设置单元格的宽度及高度；使用"CSS样式"命令，设置图像与文字的对齐方式及边距。

图13-172

课堂练习2——购房中心网页

练习2.1 项目背景及要求

1. 客户名称

购房中心网。

2. 客户需求

购房中心是国内经营房地产开发、物业管理、城市商品住宅、商品房销售等业务的全方位发展的房地产中心。现网站需要更新，要求简洁大方而且设计精美，体现企业的高端品质。

3. 设计要求

（1）设计风格要求时尚大方，制作精美。

（2）要求网页设计运用简洁的画面展现网站特点。

（3）网站设计围绕房产的特色进行设计搭配，分类明确细致。

（4）要求融入一些楼盘评测信息，提升企业的文化内涵。

（5）设计规格为1600像素（宽）×1790像素（高）。

练习2.2 项目创意及制作

1. 素材资源

图片素材所在位置： "Ch13/素材/购房中心网页/images"。

文字素材所在位置： "Ch13/素材/购房中心网页/text.txt"。

2. 设计作品

设计作品效果所在位置： "Ch13/效果/购房中心网页/index.html"，如图13-173所示。

3. 制作要点

使用"表格"按钮，插入表格进行页面布局；使用"图像"按钮，插入图像效果；使用"CSS样式"面板，设置单元格的背景图像和文字的颜色、大小及行距。

图13-173

课后习题1——二手房网页

习题1.1 项目背景及要求

1. 客户名称

二手房买卖网。

2. 客户需求

二手房买卖网专为广大网友提供全面及时的房地产新闻资讯，为所有楼盘提供齐全的浏览信息及业主论坛，是房地产媒体及业内外网友公认的非常受欢迎的专业网站和房地产信息库。现网站要进行改版，要求设计体现行业特色。

3. 设计要求

（1）设计要求内容丰富，体现信息网站的多样化。
（2）由于网站的内容多样，要求排版舒适合理。
（3）色彩搭配干净清爽，能够很好地衬托网站主体内容。
（4）图文穿插合理，使整个页面看起来整齐有序。
（5）设计规格为1400像素（宽）×1470像素（高）。

习题1.2 项目创意及制作

1. 素材资源

图片素材所在位置： "Ch13/素材/二手房网页/images"。

文字素材所在位置： "Ch13/素材/二手房网页/text.txt"。

2. 设计作品

设计作品效果所在位置： "Ch13/效果/二手房网页/index.html"，如图13-174所示。

3. 制作要点

使用"页面属性"命令，设置页面字体、大小、颜色及页边距和页面标题；使用"图像"按钮，插入装饰性图片；使用"属性"面板，设置单元格高度和对齐方式；使用"CSS样式"面板，设置单元格的背景图像和文字大小、颜色及行距。

图13-174

课后习题2——房产信息网页

习题2.1　项目背景及要求

1. 客户名称

房产信息网。

2. 客户需求

房产信息网提供最新房地产新闻资讯，为所有楼盘提供齐全的浏览信息及业主论坛等内容。目前网站要更新网站内容，要重新设计网页，要求设计画面饱满，整齐统一。

3. 设计要求

（1）设计风格清新淡雅，主题突出，明确市场定位。

（2）信息内容全面，并传达出公司的品质与理念。

（3）设计要求简单大气，图文编排合理并且具有特色。

（4）以真实简洁的方式向浏览者传递信息内容。

（5）设计规格为1400像素（宽）×1300像素（高）。

习题2.2　项目创意及制作

1. 素材资源

图片素材所在位置："Ch13/素材/房产信息网页/images"。

文字素材所在位置："Ch13/素材/房产信息网页/text.txt"。

2. 设计作品

设计作品效果所在位置："Ch13/效果/房产信息网页/index.html"，如图13-175所示。

3. 制作要点

使用"图像"按钮，添加网页标志和广告图；使用"CSS样式"命令，改变单元格的背景图像和文字大小、颜色及行距；使用"属性"面板，设置单元格的大小及背景颜色。

图13-175

13.5 艺术网页——戏曲艺术网页

13.5.1 项目背景及要求

1. 客户名称

保家戏曲艺术团。

2. 客户需求

保家戏曲艺术团是一支活跃在全国并享有很高声望的民间专业艺术团体。该团集纳全国优秀艺术人才，为观众呈现出众多精彩纷呈的戏曲演出。为了更好地宣传剧团的演出信息，更方便地与热爱戏曲的人士交流戏曲文化，剧团需要制作一个宣传网站。网站要求以戏曲为中心并且具有传统特色和创新感。

3. 设计要求

（1）网页设计多体现中国戏曲文化的元素，增强网页的文化氛围。

（2）网页页面要"透气"，信息排列不要过于集中，以免文字编排太紧密。

（3）网页的背景颜色使用湖蓝的底色，衬托主要信息，使画面具有层次感。

（4）将传统文化与现代元素相结合，使更多人了解和接受戏曲文化的魅力与特色。

（5）设计规格为1600像素（宽）×1000像素（高）。

13.5.2 项目创意及制作

1. 素材资源

图片素材所在位置："Ch13/素材/戏曲艺术网页/images"。

文字素材所在位置："Ch13/素材/戏曲艺术网页/text.txt"。

2. 设计流程

设计作品效果所在位置："Ch13/效果/戏曲艺术网页/index.html"，如图13-176所示。

图13-176

3. 制作要点

使用"属性"面板，设置单元格高度和文字颜色、文字大小制作导航效果；使用"图像"按钮，为页面添加广告图像和脸谱效果；使用"CSS样式"命令，制作文字行间距和表格边线效果。

13.5.3 案例制作及步骤

1. 制作导航条

（1）选择"文件 > 新建"命令，新建空白文档。选择"文件 > 保存"命令，弹出"另存为"对话框，在"保存在"选项的下拉列表中选择当前站点目录保存路径；在"文件名"选项的文本框中输入"index"，单击"保存"按钮，返回网页编辑窗口。

（2）选择"修改 > 页面属性"命令，弹出"页面属性"对话框，在左侧的"分类"列表中选择"外观（CSS）"选项，将"页面字体"选项设为"宋体"，"大小"选项设为12，"左边距""右边距""上边距"和"下边距"选项均设为0，如图13-177所示。

（3）在左侧的"分类"列表中选择"标题/编码"选项，在"标题"选项的文本框中输入"戏曲艺术网页"，如图13-178所示。单击"确定"按钮完成页面属性的修改。

图13-177

图13-178

（4）单击"插入"面板"常用"选项卡中的"表格"按钮，在弹出的"表格"对话框中进行设置，如图13-179所示。单击"确定"按钮，完成表格的插入。保持表格的选取状态，在"属性"面板"对齐"选项的下拉列表中选择"居中对齐"选项。

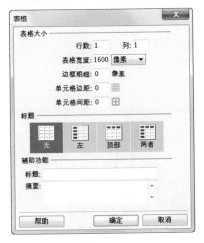

图13-179

（5）选择"窗口 > CSS样式"命令，弹出"CSS样式"面板，单击"新建CSS规则"按钮

，在弹出的对话框中进行设置，如图13-180所示。单击"确定"按钮，弹出".bj的CSS规则定义"对话框，在左侧的"分类"列表中选择"背景"选项，单击"Background-image"选项右侧的"浏览"按钮，在弹出的"选择图像源文件"对话框中，选择本书学习资源中的"Ch13 > 素材 > 戏曲艺术网页 > images"文件夹中的"bj.jpg"，单击"确定"按钮，返回到对话框中，单击"确定"按钮完成样式的创建。

图13-180

（6）将光标置入单元格中，在"属性"面板"水平"选项的下拉列表中选择"居中对齐"选项，"垂直"选项的下拉列表中选择"顶端"选项，"类"选项的下拉列表中选择"bj"选项，将"高"选项设为980，效果如图13-181所示。

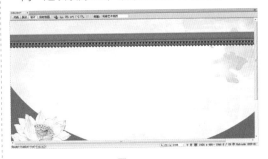

图13-181

（7）在该单元格中插入一个4行1列、宽为980像素的表格。将光标置入刚插入表格的第1行单元格中，单击"属性"面板中的"拆分单元格为行或列"按钮，在弹出的"拆分单元格"

对话框中进行设置，如图13-182所示，单击"确
定"按钮，将单元格拆分成2列显示。

图13-182

（8）将光标置入第1行第1列单元格中，在
"属性"面板中将"宽"选项设为448，"高"
选项设为79。单击"插入"面板"常用"选卡中
的"图像"按钮▣▾，在弹出的"选择图像源文
件"对话框中，选择本书学习资源中的"Ch13
＞素材＞戏曲艺术网页＞images"文件夹中的
"logo.png"文件，单击"确定"按钮，完成图
像的插入，如图13-183所示。

图13-183

（9）将光标置入第1行第2列单元格中，在
"属性"面板"水平"选项的下拉列表中选择
"右对齐"选项，将"宽"选项设为630。在单
元格中输入文字，如图13-184所示。新建CSS样式
".text"，弹出".text的CSS规则定义"对话框，
在左侧的"分类"列表中选择"类型"选项，将
"Line-height"选项设为25，在右侧选项的下拉
列表中选择"px"选项，单击"确定"按钮，完
成样式的创建。

图13-184

（10）选中如图13-185所示的文字，在"属
性"面板"类"选项的下拉列表中选择"text"
选项，应用样式，效果如图13-186所示。

图13-185

图13-186

（11）将光标置入第2行单元格中，在"属
性"面板"目标规则"选项的下拉列表中选择
"＜新内联样式＞"选项，在"水平"选项的下
拉列表中选择"居中对齐"选项，将"字体"
选项设为"微软雅黑"，"大小"选项设为16，
"Color"选项设为白色，"高"选项设为45。在
单元格中输入文字，效果如图13-187所示。

图13-187

2. 制作内容区域和底部效果

（1）将光标置入第3行单元格中，在"属
性"面板"水平"选项的下拉列表中选择"居中
对齐"选项，在"垂直"选项的下拉列表中选择
"底部"选项，将"高"选项设为160。将本书
学习资源中的"CH13＞素材＞戏曲艺术网页＞
images"文件夹中的"pic.png"文件插入该单元
格中，效果如图13-188所示。

图13-188

（2）将光标置入第4行单元格中，在"属

性"面板"水平"选项的下拉列表中选择"居中对齐"选项,将"高"选项设为245。在该单元格中插入一个1行11列,宽为970像素的表格。将光标置入刚插入表格的第1列单元格中,在"属性"面板"垂直"选项的下拉列表中选择"顶端"选项,将"宽"选项设为120。用相同的方法设置第2列~第10列单元格的宽分别为50、120、50、120、50、120、50,效果如图13-189所示。

图13-189

(3)新建CSS样式".bk",在弹出的".bk的CSS规则定义"对话框中进行设置,如图13-190所示,单击"确定"按钮,完成样式的创建。

图13-190

(4)将光标置入第1列单元格中,在"属性"面板"类"选项的下拉列表中选择"bk"选项,应用样式,效果如图13-191所示。用相同的方法为第3列、第5列、第7列、第9列单元格应用"bk"样式,效果如图13-192所示。

图13-191

图13-192

(5)在第1列单元格中输入文字,如图13-193所示。新建CSS样式".bt",弹出".bt的CSS规则定义"对话框,在左侧的"分类"列表中选择"类型"选项,将"Font-family"选项设为"宋体","Font-size"选项设为14,在右侧选项的下拉列表中选择"px"选项,"Font-weight"选项的下拉列表中选择"bold"选项,"Color"选项设为白色,如图13-194所示,单击"确定"按钮,完成样式的创建。

图13-193

图13-194

(6)选中如图13-195所示的文字,在"属性"面板"类"选项的下拉列表中选择"bt"选项,应用样式,效果如图13-196所示。

图13-195

图13-196

（7）新建CSS样式".text01"，弹出".text01
的CSS规则定义"对话框，在左侧的"分类"列
表中选择"类型"选项，将"Line-height"选项
设为25，在右侧选项的下拉列表中选择"px"选
项，"Color"选项设为白色，单击"确定"按
钮，完成样式的创建。

（8）选中如图13-197所示的文字，在"属
性"面板"类"选项的下拉列表中选择"text01"
选项，应用样式，效果如图13-198所示。用相同的
方法在其他单元格中输入文字，并应用相应的样
式，制作出如图13-199所示的效果。

图13-197

图13-198

图13-199

（9）戏曲艺术网页效果制作完成，保存文
档，按F12键，预览网页效果，如图13-200所示。

图13-200

课堂练习1——国画艺术网页

练习1.1　项目背景及要求

1. 客户名称

水墨书画网。

2. 客户需求

水墨书画网是专业的书画艺术家资讯门户网站。目前网站开设书画资讯、名家访谈、艺术家展厅、全国画廊、展览信息、拍卖资讯等多个频道，为艺术行业工作者、艺术爱好者及艺术界相关机构提供便捷高效的推广、交流。网站设计要求具有艺术特色，使人感受到水墨画的风采。

3. 设计要求

（1）网页整体风格大气，体现水墨画的艺术与品质。

（2）网页的主题以国画为主，画面和谐，具有特色。

（3）将传统文化在画面中很好地表现出来。

（4）网页板式布局合理，图文搭配协调。

（5）设计规格为1600像素（宽）×1640像素（高）。

练习1.2　项目创意及制作

1. 素材资源

图片素材所在位置： "Ch13/素材/国画艺术网页/images"。

文字素材所在位置： "Ch13/素材/国画艺术网页/text.txt"。

2. 设计作品

设计作品效果所在位置： "Ch13/效果/国画艺术网页/index.html"，如图13-201所示。

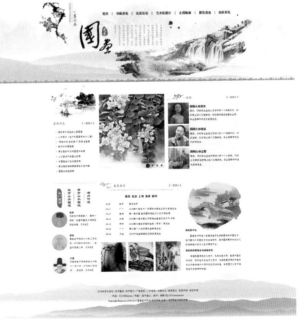

3. 制作要点

使用"图像"按钮，插入网页图像；使用"页面属性"命令，改变页面文字大小、颜色及页边距和页面标题；使用"CSS样式"命令，制作页面背景图像和文字行距、大小、颜色；使用"属性"面板，设置单元格的宽和高。

图13-201

课堂练习2——书法艺术网页

练习2.1　项目背景及要求

1. 客户名称

青竹书法网。

2. 客户需求

青竹书法网是一个以书法资讯、书家机构推介、作品展示及交易和业内交流为主要服务项目的书法综合性网站。为了扩大网站的知名度，网站需要重新设计，设计要求表现书法特色，使人一目了然。

3. 设计要求

（1）网页设计多体现中国书法文化的元素，增强网页的文化氛围。

（2）网页页面要大气，信息排列合理恰当。

（3）网页的背景使用泛黄怀旧的颜色，与书法字体相互衬托。

（4）设计规格为1400像素（宽）×1110像素（高）。

练习2.2　项目创意及制作

1. 素材资源

图片素材所在位置："Ch13/素材/书法艺术网页/images"。

文字素材所在位置："Ch13/素材/书法艺术网页/text.txt"。

2. 设计作品

设计作品效果所在位置："Ch13/效果/书法艺术网页/index.html"，如图13-202所示。

3. 制作要点

使用"页面属性"面板，更改页面属性；使用"CSS样式"命令，设置文字的颜色、大小和单元格背景图像；使用"属性"面板，设置单元格的宽度和高度。

图13-202

课后习题1——诗词艺术网页

习题1.1 项目背景及要求

1. 客户名称

古韵诗词网。

2. 客户需求

古韵诗词网是一个提供中国古典诗词的预览和欣赏，以及名诗名句、古文典籍、文言文、古代诗人介绍、成语故事等内容的网站。为了能够吸引更多的古诗词爱好者，需要将网站重新设计，要求网站设计以古代诗词为主题，表现充满韵味的古典文化。

3. 设计要求

（1）网站画面典雅质朴，带有古色古香的气息。

（2）网页主体色调淡雅清致。

（3）整体设计注重细节，通过网页的独特韵味来吸引古诗词爱好者的注意。

（4）设计规格为1400像素（宽）×1400像素（高）。

习题1.2 项目创意及制作

1. 素材资源

图片素材所在位置："Ch13/素材/诗词艺术网页/images"。

文字素材所在位置："Ch13/素材/诗词艺术网页/text.txt"。

图13-203

2. 设计作品

设计作品效果所在位置："Ch13/效果/诗词艺术网页/index.html"，如图13-203所示。

3. 制作要点

使用"页面属性"命令，设置页面字体、大小、颜色和页边距；使用"属性"面板，更改单元格的大小及对齐方式；使用"鼠标经过图像"按钮，制作导航条效果；使用"CSS样式"命令，设置单元格的背景图像、文字的大小和行距。

课后习题2——太极拳健身网页

习题2.1 项目背景及要求

1. 客户名称

听闻太极拳网站。

2. 客户需求

听闻太极拳网站以传承发展中国非物质文化遗产——太极拳为己任，以建立世界性的太极拳传播交流平台为目的，成为拳师及太极拳爱好者沟通交流的平台。现网站需要进行改版，设计要求将太极拳的健康理念融合在页面中。

3. 设计要求

（1）网页设计简洁大方，体现太极拳的特色魅力。
（2）网页的文字安排合理，分类明确细致，便于用户浏览、搜索。
（3）色彩搭配舒适淡雅，让人印象深刻。
（4）整体风格能够体现太极拳的艺术特色。
（5）设计规格为1400像素（宽）×2100像素（高）。

习题2.2 项目创意及制作

1. 素材资源

图片素材所在位置： "Ch13/素材/太极拳健身网页/images"。
文字素材所在位置： "Ch13/素材/太极拳健身网页/text.txt"。

2. 设计作品

设计作品效果所在位置： "Ch13/效果/太极拳健身网页/index.html"，如图13-204所示。

3. 制作要点

使用"页面属性"命令，设置页面字体、大小、页面边距及页面标题；使用"表格"按钮，设置布局效果；使用"图像"按钮，插入装饰图像；使用"属性"面板，设置单元格的对齐方式、高度及宽度；使用"CSS样式"命令，设置文字颜色、大小、行距及单元格背景图像。

图13-204